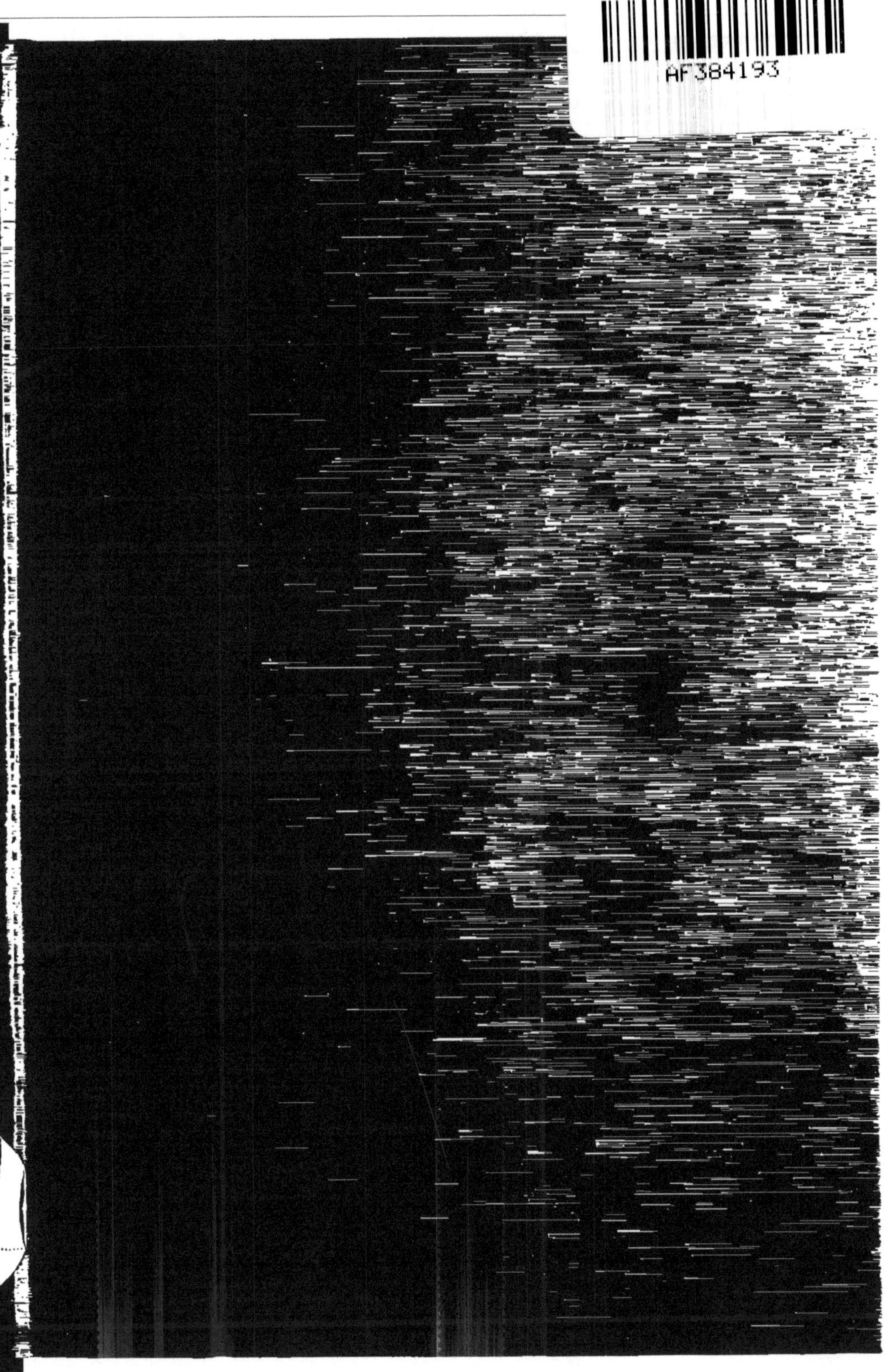

Préservation et Éducation des Sexes

Les moyens les plus sûrs d'éviter
les maladies sexuelles
et la conception non voulue

expliqués et illustrés par Miss SUZIE

PRIX : 2 francs

PRÉSERVATION

et

ÉDUCATION DES SEXES

Préservation et Éducation des Sexes

Anatomie des organes génitaux
Leurs fonctions et le besoin sexuel. — Procréation rationnelle
Préservation des sexes

❧ ❧ ❧

Les moyens les plus sûrs d'éviter
les maladies sexuelles et la conception non voulue
expliqués et illustrés par

Miss SUZIE

Prix : 2 francs

A. MOREAU, Éditeur
LIBRAIRIE DE L'ILE DE FRANCE
25, Rue Guilleminot, CHAVILLE (Seine-et-Oise)
1912

Pourquoi ce livre ?

On peut essayer de bien des choses,
excepté de lire au hasard.

Goethe.

J'ai pris, depuis quelques années déjà, l'habitude de fuir
l'été la grande cité parisienne et d'aller me retremper dans
le calme salutaire d'un charmant petit village placé à
l'orée d'un bois. Là, à l'ombre des vertes feuillées ou dans
les prairies où l'eau limpide d'un ruisselet murmure dis-
crètement, entouré de quelques bons amis, braves cœurs
à l'esprit simple, nous parlons librement de questions qui
les touchent, et il est rare que je n'aie pas quelque chose
à retenir de nos entretiens familiers.

C'est en discourant ainsi, sur l'éducation, l'amour, le mariage, que j'ai senti la nécessité de rédiger cet opuscule qui, si je ne me berce pas d'illusions, vient à son heure ; je le publie dans l'espoir de rendre service à mes lecteurs et lectrices, en leur exposant les principales données des problèmes de la génération.

En fait, l'ignorance de tout ce qui concerne les relations sexuelles, dont on a si longtemps voulu ignorer l'existence, au nom d'une morale hypocrite et néfaste, ignorance que l'on constate aussi bien chez les hommes que chez les femmes, mariés ou non mariés, est la cause d'innombrables tourments, de malheurs et de maladies qui seraient facilement évitables.

Puisque la vie est une lutte pour l'existence, ne devrions-nous pas, sans distinction de sexe, être instruits sur les exigences, les risques et les inconvénients de la fonction qui préside à l'acte le plus important de la vie, celui de la génération ? Comme tout être humain prend naissance dans un rapport sexuel, cet acte peut être véritablement considéré comme le moteur de l'humanité, et l'enseignement devrait réserver une place à l'explication des phénomènes de reproduction, l'initiation de chaque individu pouvant être en rapport avec son degré de développement. Nos connaissances ne nous sont profitables que lorsque nous les acquérons par une instruction régulière, et non par des moyens détournés ou empiriques ; un cours d'anatomie serait aussi pour beaucoup de jeunes gens le remède à une rêverie et à une curiosité malsaines, dont les conséquences sont si souvent funestes pour leur santé.

Les moralistes s'obstinent, en ce qui concerne la jeunesse, à confondre l'ignorance avec l'innocence et à faire de l'innocence le fondement de la vertu. C'est contre cette doctrine que s'élève M. l'abbé Fonsagrives lorsqu'il écrit, après avoir constaté la lacune qui existe dans l'éducation des jeunes gens:
« La pudibonderie est l'ennemie née de la véritable pudeur.

L'ignorance du vice n'est pas la vertu... L'ignorance doit cesser à un certain moment sous peine de devenir un véritable danger pour l'innocence. »

A quel âge est-il bon de donner cet enseignement ? Aussitôt que possible, assurément : dès 15 ou 16 ans, pour l'un comme pour l'autre sexes, déclarent les médecins, les éducateurs. « On nous apprend à vivre quand la vie est passée, dit Montaigne. Cent *escholiers* ont pris la vérole avant d'être arrivés à leur leçon d'Aristote, *de la Tempérance !* »

Je crois que l'heure est venue de réagir contre une éducation fausse et incomplète et d'amener la disparition des souffrances résultant de préjugés séculaires, qui font ressentir leur influence maligne surtout dans les relations des sexes.

« La liberté de l'amour, écrit M. le Docteur Sicard de Plauzoles, consiste non seulement à pouvoir, mais encore à savoir choisir. La liberté économique est la condition de ce pouvoir ; l'éducation sexuelle est la condition de ce savoir. La connaissance des choses sexuelles n'est pas seulement nécessaire pour éclairer le choix ; elle est indispensable pour faire de l'union de l'homme et de la femme un contrat loyal et valable ». (*)

Dans son livre si fortement documenté : « *La question sexuelle exposée aux adultes cultivés* », (**) le P\u1d63 Auguste Forel s'exprime ainsi : « La femme a certainement le droit — et on le lui doit — d'être entièrement mise au courant des rapports sexuels et de leurs suites avant de se fiancer. Plus encore. Avant de s'engager dans une union pour la vie, un homme et une femme devraient s'expliquer

---

(*) D\u1d63 Sicard de Plauzoles. « La Fonction sexuelle au point de vue de l'Ethique et de l'Hygiène sociales. » M. Giard e₊ E. Brière, éditeurs, Paris.

(**) G. Steinheil, Editeur. Librairie Médicale et Scientifique. Paris.

mutuellement à fond sur leurs besoins sexuels et sur leurs sentiments, afin d'éviter plus tard de cruelles déceptions et des incompatibilités irréductibles.

« Sans avoir jamais ressenti un orgasme voluptueux proprement dit, soit par le coït, soit par la masturbation, une jeune fille normale demeurée vierge, lorsqu'elle est suffisamment instruite sur les rapports sexuels, peut parfaitement se rendre compte si l'idée du coït avec un homme pour lequel elle ressent de l'inclination lui répugne ou l'attire. Pour les garçons, la chose est encore plus claire.

« Une femme qui avait une instruction médicale complète et qui était demeurée absolument vierge, mais qui, par ses études était entièrement renseignée sur la vie sexuelle, m'a fourni des données très précises. Pendant longtemps, l'idée du coït avec tous les hommes qu'elle voyait lui procurait un sentiment de dégoût, jusqu'au jour où elle fit la connaissance de celui qui gagna son cœur. Alors la répugnance se changea immédiatement en désir. »

Reconnaissons ensuite que si la vie, en soi, n'a pas de but qui nous apparaisse, chaque individu en a un, qui est de vivre une vie aussi riche que possible, dans des conditions normales de santé, de bien-être et de bonheur. Mais c'est seulement en mettant à profit les enseignements et les conseils que donnent les hygiénistes et les médecins qu'on peut logiquement songer — pour les autres comme pour soi-même — à une vie plus agréable et plus belle.

On admettra également que pour chaque couple humain, une question palpitante entre toutes domine constamment les rapports de l'homme et de la femme : celle des enfants, et surtout du nombre d'enfants pouvant leur survenir. Cette question, une des plus graves que chacun ait à envisager, inquiète principalement les gens de situation très modeste ou malheureuse.

Souvent aussi, un autre problème se présente à l'esprit : un couple humain a-t-il le droit d'engendrer plus d'enfants

qu'il n'en peut nourrir et entourer de soins et d'amitié ?
C'est là, il faut en convenir, une question sérieuse, que je
me suis permise de juger au point de vue du plus simple
bon sens. J'ai tenu, dans ce livre, à indiquer nettement ce
qui, dans cet ordre d'idées, m'a semblé bon, pratique et
conseillable, sans qu'on puisse cependant me reprocher ou
me féliciter d'avoir été des premières à présenter la solution
appropriée.

Qu'on ne m'attribue pas là non plus une pensée contraire
à celle qui forme le fond de ce livre : la réponse à l'in-
terrogation ainsi formulée n'est nullement le conseil de ne
plus avoir d'enfants ; je pose simplement la question et
je la laisse examiner, méditer et résoudre, en toute sagesse,
par ceux-là mêmes qui, en raison de leur situation précaire,
ou de diverses circonstances, ne peuvent procréer que de
petits êtres voués à une vie misérable, destinés pour la
plupart à mourir prématurément, et, pour les survivants,
à être en proie à la souffrance, eux et leur famille, tout en
imposant des charges à la société. A ces couples, on a déjà
souvent indiqué ce que le Dr Cazalis appelle le **mariage
blanc**, par l'exposé des moyens de régler ou d'empêcher la
conception.

Il est, en tout cas, nuisible de laisser croire, comme il
est dangereux d'enseigner que la naissance des enfants est
indépendante de la volonté des parents. Ceux qui veulent
réellement le bonheur de la jeune femme doivent lui permettre de savoir que la science lui fournit les moyens
de n'être mère que lorsqu'elle le veut. Puis, le but qui
importe n'est pas que les humains soient plus ou moins
nombreux, mais qu'ils soient de plus en plus heureux. Et
il est grand temps, franchement, de songer à l'amélioration
des nouvelles générations si l'on veut aboutir à la régéné-
ration complète de la race entière. Il faut créer une nation
forte, puissante, énergique, mise en valeur par une jeunesse robuste, vaillante, confiante en elle-même.

« Liberté à l'amour dans des conditions favorables à l'espèce, écrit Mlle Ellen Key ; restrictions, non à la liberté d'aimer, mais à la liberté d'engendrer des êtres nouveaux dans des conditions défavorables à l'espèce, voilà la loi nouvelle. » (*)

Certains esprits professent que la Vie doit avoir le plus de vies possible à choisir, négligeant ce fait que si la procréation n'est pas raisonnée, sélectionnée, les robustes eux-mêmes se transforment en médiocres qui, à leur tour, mettent au monde des êtres plus faibles encore.

D'autres parlent d'obligation de perpétuer l'espèce, se faisant une idée très fausse de la quantité d'individus nécessaires pour y parvenir. Il suffira sans doute de rappeler le problème de Herschell pour dissiper toute erreur à cet égard : « Si un couple, vivant il y a 3.000 ans, et tous ses descendants, avaient eu régulièrement trois enfants, quelle serait la population du globe ? » — Herschell calcula que cette population pourrait former sur toute la surface de la terre une série de couches successives s'élevant jusqu'à Sirius !

Qu'on ne nous parle pas non plus d'égoïsme. Est-ce que la vie n'est pas égoïste par nature et par nécessité ? Et est-ce faire preuve d'altruisme que de féconder volontairement et sans interruption une malheureuse femme qui finit par succomber aux redoutables épreuves dont elle est accablée ?

D'autres encore, considérant ces idées à un point de vue singulièrement étroit, proclament qu'il est immoral d'aimer sans enfanter, comme aussi de parler de prudence procréatrice, ne voulant pas admettre que s'il leur est loisible de nous répéter tous les jours la même phrase : « Repeuplez, faites des enfants ! », ils concèdent à d'autres, par ce fait

---

(*) De l'amour et du mariage. — Ernest Flammarion, Editeur. Paris.

même, le droit d'émettre la pensée contraire : « Ne faites pas d'enfants contre votre volonté ; ne semez pas aveuglément de petits malheureux ! », car les deux conseils évoquent absolument les mêmes idées. Et, jusqu'à ce qu'on ait positivement déterminé ce qu'est « la morale », jusqu'à ce que nous en ayons une définitive — le monde a déjà été régi par tant de dogmes et de morales ! — on peut demander en quoi le deuxième conseil est plus immoral que le premier. Chaque nation, comme chaque individu, a sa morale particulière, conforme à sa mentalité, à ses besoins, et, par dessus tout, à ses intérêts.

Anatole France n'a-t-il pas dit que nous appelions immoralité toute morale qui n'est pas la nôtre, et que tous ceux qui apportèrent au monde un peu de bonté nouvelle essuyèrent le mépris des honnêtes gens ?

On s'indigne souvent de choses naturelles et innocentes et l'on est disposé, par contre, à admettre et justifier les plus grandes infamies à l'égard de l'humanité.

Au surplus, la prétention de vouloir régir chez les autres les actes les plus intimes, les plus graves de la vie, est risible, quand elle n'est pas abominable. Dans les choses de l'amour, plus que partout ailleurs, cette prétention est absurde. Qu'il plaise aux gens de n'avoir que peu ou pas d'enfants, c'est leur affaire ; cela ne regarde personne. La morale, pas plus que la raison d'Etat, n'a rien à voir dans les relations sexuelles. De grâce, laissons-la tranquille et ne mettons pas la vertu dans des endroits où elle n'a que faire. La morale, c'est de n'opprimer personne ; la vertu, c'est de respecter la liberté d'autrui !

Où la morale apparaît outragée, c'est quand l'amour cesse d'être libre, quand il devient une corvée imposée à l'individu, soit par un autre individu, comme dans le cas de viol, soit par les conventions sociales, comme cela a lieu encore la plupart du temps aujourd'hui : jeunes filles que la difficulté ou l'impossibilité de gagner leur vie oblige à se vendre — par une prostitution plus ou moins déguisée, ou fréquemment aussi, par le mariage — ; employées, ouvrières et domestiques obligées de se prêter aux caprices du chef de service, du contremaître ou du patron, pour ne pas perdre leur place, etc... Ici, la morale est blessée : car partout où il y a contrainte, il y a crime.

Il est inutile d'en dire plus long à ce propos. Je me borne à affirmer le droit absolu pour toutes et pour tous de ne pas concevoir au hasard des événements et de ne pas semer d'enfants au petit bonheur. Je prétends que la femme qui se donne tout entière à celui qu'elle aime ne commet pas un acte immoral, ni même impudique, quand elle prend, avant ou après l'étreinte, les précautions nécessaires pour ne pas enfanter lorsqu'elle ne le doit pas.

Remarquez, d'autre part, le nombre respectif de leurs enfants, à nos bons apôtres de la repopulation : généralement un, deux, et c'est tout. Ne donnent-ils pas là l'exemple à suivre, et n'est-ce pas la prudence qui les arrête, eux aussi ? Ou bien, pensent-ils des enfants ce qu'ils pensent de la religion : qu'il en faut pour le peuple ?... « Mariez-vous, petites gens, ayez beaucoup d'enfants ; nous en avons besoin pour remplir nos maisons de servantes, nos usines d'ouvriers, nos fermes de valets, nos casernes de soldats et nos cafés-concerts de chanteuses !... »

« Les capitalistes, écrit M. le Dr Sicard de Plauzoles, qui vivent de l'exploitation du travail des prolétaires, souhaitent que le nombre de ceux-ci soit aussi grand que possible, parce qu'il en résulte nécessairement, par le jeu de l'offre et de la demande, un abaissement du prix de la main-d'œuvre ; les militaristes, pour qui la guerre est un principe de sélection et de progrès, pour qui la force est l'arbitre du droit entre les nations, font de la fécondité un devoir patriotique. Mais n'est-il pas remarquable que ce soient les classes qui possèdent et gouvernent, qui donnent

l'exemple de l'abstention volontaire et fassent le moins
d'enfants ? » (*)

Il est de fait que l'organisation actuelle de notre société
ne rend heureux que très peu d'individus. Quelques-uns
sont privilégiés, ont le luxe et toutes les jouissances maté-
rielles, mais des millions d'autres sont misérables et vivent
dans des conditions instables. Le capitalisme n'accorde pour
ainsi dire aucune place au plaisir de vivre, non plus qu'au
développement de l'individu ; il n'a pour objet que la réali-
sation du profit et aboutit à l'asservissement des masses.

Enfin, de tous les biens qui contribuent au bonheur, il
n'en est pas de plus important que la santé. La santé est
la première des richesses. Certaines maladies que les deux
sexes se transmettent de l'un à l'autre, atteignant même
leur descendance, peuvent être la cause des plus graves
malheurs. Les derniers chapitres de ce livre sont consacrés
à l'exposé de ces maladies et des moyens susceptibles de
s'en préserver. J'ajouterai simplement ici que s'il pouvait
y avoir un remède infailliblement préservatif de la contagion
vénérienne, il faudrait l'accueillir comme un bienfait et
l'adopter avec empressement, non pour favoriser le liberti-
nage, mais pour garantir de ce fléau la vertu et la chasteté
qui en deviennent trop souvent les victimes. Il est regret-
table de devoir encore écrire que si l'on s'abandonnait à cette
idée que la science a enfin trouvé ce remède, on risquerait
parfois d'être dupe de cette confiance et de la sécurité qui
en est la conséquence.

Puisse cependant cette modeste brochure, en dépit des
défauts que ne manqueront pas de lui trouver les critiques
pointilleux, enseigner aux jeunes gens et aux jeunes filles
les moyens d'obtenir dans l'amour la plus grande somme
du bonheur auquel ils ont droit, bonheur que la Nature

(*) La Fonction sexuelle au point de vue de l'Ethique et de
l'Hygiène sociales, (page 308).

elle-même réserve avec un soin jaloux, comme un patri-
moine précieux, à ceux qui savent le conquérir !

Miss Suzie.

BIBLIOGRAPHIE

Aux lecteurs désireux de consulter un ouvrage complet
relatif aux questions sexuelles, nous nous faisons un plaisir d'indiquer la très intéressante œuvre du Dr Anton Nyström : « La Vie sexuelle et ses lois ». (In-8°, Vigot frères,
éditeurs, Paris. 6 francs).

Nous devons à l'obligeance de MM. Vigot d'avoir pu en
reproduire quelques passages. Nous les en remercions vivement, au même titre que MM. les Éditeurs des ouvrages
cités dans cette brochure.

L'Homme & la Femme

Anatomie de l'homme et de la femme.

Il m'est impossible, sous peine de trop m'écarter de mon sujet, de m'étendre en de longues descriptions à cet égard ; aussi bien, pour ce qui concerne les questions d'anatomie générale, je me permets de renvoyer le lecteur aux manuels spéciaux, et, pour l'étude que nous nous proposons de faire, il sera suffisant de mentionner ici très succinctement les différences que présentent l'homme et la femme en leur anatomie.

La différence fondamentale qui domine toutes les autres réside dans les organes génito-urinaires. On notera également que chez la femme, la taille est moins élevée, le crâne plus petit, renfermant un cerveau moins lourd. Les os qui constituent le squelette féminin sont moins gros, par rapport à leur longueur, que ceux de l'homme ; la colonne vertébrale, principalement sa partie lombaire, est plus longue, comparativement aux membres, qui sont plus courts chez la femme, ce qui allonge sa taille et la rend plus mince.

Le bassin de la femme a de grands diamètres, notamment le transversal, qui dépasse de beaucoup la largeur de ses épaules, alors que le contraire se constate chez l'homme. Les fémurs articulés à ce bassin sont plus obliques de dehors en dedans et de haut en bas, ce qui rapproche les genoux et donne à la femme une oscillation particulière pendant la marche, qui est moins sûre, faite de plus petits pas.

Chez elle, les muscles recouvrant le squelette sont moins développés, exception faite de ceux des cuisses ; les tendons sont plus minces, les extrémités des membres plus fines, comme aussi le contour des membres est plus arrondi, plus gracieux que chez l'homme. Sa peau plus douce et plus belle, d'un contact moelleux, élastique et satiné, procure à l'homme une sensation très agréable. Le système pileux féminin est peu fourni, sauf aux aisselles, au pubis et à la tête, où les cheveux sont soyeux, longs et fins.

Les organes génito-urinaires de l'un et l'autre sexes vont être décrits dans les chapitres suivants.

Beauté et charme de la femme.

Les formes corporelles de la femme, par un ensemble harmonieux de contours et de proportions ont, en tous temps. et en tous lieux, spécialement charmé l'homme. La beauté féminine exerce sur lui une fascination qui lui enlève son libre arbitre et le met, pour ainsi dire, à la merci de l'objet de ses aspirations. Il ne peut, en effet, qu'admirer cette souplesse des lignes, ces traits plus fins, ces formes arrondies et gracieuses, en les comparant à sa structure anguleuse et à ses membres musculeux.

Dans l'antiquité, les Grecs poussaient le culte de la beauté jusqu'à la frénésie ; mieux doués que tout autre peuple dans leurs aspirations artistiques, ils nous ont laissé des chefs-d'œuvre de sculpture, modèles de perfection. D'ailleurs, les anciens faisaient fi d'une pruderie et d'une hypo-

crisie déplacées, et il faut bien dire aussi que le nu n'est indécent que lorsqu'il se trouve caché par une gaze légère ; dans ces conditions, il ouvre le jeu à l'imagination, l'excite et éveille en elle des penchants érotiques.

Le culte de la Beauté fut donc éternel et cette déesse a toujours eu ses adorateurs. Tout le monde connaît le jugement de Phryné ; accusée de sacrilège, cette célèbre courtisane fut traduite devant le tribunal et sa condamnation pouvait être la mort. Voyant la cause perdue, Hypéride, qui défendait l'accusée, déchire la tunique de Phryné et, révélant aux juges ses beautés les plus secrètes et la splendeur de son corps nu, il s'écrie : « Osez donc flétrir et éteindre tant de charmes ! » Les juges prononcèrent l'acquittement.

C'est le geste de vénération pour la beauté resplendissante, hors de toute pudeur de convention : le peuple athénien seul pouvait le faire.

On peut affirmer cependant que jamais le sentiment du beau n'a été aussi développé qu'à présent, et, si les religions voient le nombre de leurs fidèles diminuer et la foi s'attiédir, la religion de la Beauté est la seule qui n'ait pas d'hérétiques. Il est également incontestable que la contemplation et la vénération du beau rend meilleurs et ennoblit ceux qui en sont constamment pénétrés.

*
* *

En quoi consiste donc la beauté de la femme ? Quel est ce charme captivant que la plume la plus experte ne saurait décrire ?

Admirons un instant ce merveilleux corps, que la Nature a formé avec un soin infini. La beauté, on le sait, se trouve pour une grande partie dans le visage : une belle figure est même capable de faire oublier des défauts corporels assez importants. Le visage n'est-il pas aussi le miroir de l'âme ? Cependant, le beau galbe de bien des femmes fait souvent oublier le peu de beauté de la face. Les seins, formant la partie principale du buste, sont l'objet de la plus touchante attention ; l'esthétique exige qu'ils soient durs et élastiques, pas trop volumineux, de la forme d'un disque ou d'un boulet ; le mamelon doit en être bien et régulièrement formé ; au-dessous d'eux, la peau ne doit faire aucun pli.

Mais si la beauté de la poitrine est essentielle dans le corps féminin, celle du ventre ne l'est guère moins. Le bassin est considéré comme une beauté propre à la femme. Au bas d'une ligne légèrement ondulée, partant du nombril, s'esquissent les parties génitales, dont l'ouverture, pour satisfaire à la beauté, ne doit pas laisser apercevoir les petites lèvres. Des jambes d'une longueur proportionnée, des cuisses et des mollets ronds, des bras aux fins contours, des mains délicates aux ongles bien dessinés, complètent l'harmonie d'un beau corps féminin.

Cependant, la rose la plus belle n'aurait pas la même valeur sans le doux parfum qui émane d'elle. Le paon aux couleurs chatoyantes nous est moins sympathique que le rossignol au plumage terne. Une belle femme charme les yeux, c'est vrai, mais surtout par sa grâce, qui est le plus irrésistible aimant.

La grâce, c'est le charme exquis de la femme ; c'est le rayonnement de la beauté de l'âme, la chaleur du soleil ; c'est le vent qui agite les cordes de l'instrument animé, pour en tirer une musique féerique, si douce et si tendre, que nul doigt humain ne saurait imiter. Cette qualité subjugue l'esprit et fascine l'homme ; là où manque la grâce, la séduction fait également défaut.

Un des plus forts attraits de la femme réside aussi dans

sa faiblesse, qui réclame la protection masculine. Ses manières caressantes, sa gaieté douce et communicative, sa vivacité d'esprit, attirent puissamment l'homme vers la femme.

Interrogeons maintenant l'âme en présence de la beauté. Le beau sexe n'est pas seulement beau pour ceux qui n'ont que des yeux; il l'est encore pour ceux qui ont un cœur. Il est le sexe générateur qui porte l'homme neuf mois dans son flanc, au péril de sa vie, et le sexe nourricier qui l'allaite et le soigne dans l'enfance ; il est le sexe pacifique qui ne verse point le sang de ses semblables, le sexe consolateur qui prend soin des malades et qui les touche sans les blesser.

Les deux sexes. — Organes de la génération.

L'espèce humaine est formée de deux sexes : le **sexe masculin** et le **sexe féminin**, dont les organes génitaux, ou de génération, sont la caractéristique principale.

Pourquoi ces deux sexes, mâle et femelle ? A quoi un individu doit-il de posséder un sexe ou l'autre ? Ces questions sont encore, aujourd'hui, restées sans réponse : on a supposé que le sexe devait dépendre de la prédominance d'un des individus générateurs sur l'autre, mais une infinité de faits sont venus contredire toutes les hypothèses ; on peut dire seulement qu'on est homme ou femme selon qu'on possède tels ou tels organes de reproduction.

En évitant autant que possible tout mot scientifique, je m'efforcerai, dans ces pages, de décrire ces organes et d'expliquer leurs fonctions. Chez l'homme, ils se composent de la verge et des testicules; chez la femme, ils comprennent la vulve, le vagin, la matrice, les trompes et les ovaires. Les mamelles sont aussi particulières à celle-ci.

Le nom de **génération** a été donné à la fonction par laquelle les êtres organisés, tels que l'homme et la femme, engendrent d'autres êtres qui leur sont semblables ; le mot génération peut donc être considéré comme synonyme de reproduction. Dans le mode sexuel de génération, il faut le concours de deux individus différents, un individu mâle et un individu femelle, pour produire des descendants.

Si les deux sexes se trouvent réunis sur le même être, conformation monstrueuse qui, dans l'espèce humaine, est extrêmement rare, cet être est dit **hermaphrodite.**

La nature a formé certains animaux **neutres** (fourmis, abeilles ouvrières, etc.), qui sont probablement des hermaphrodites chez lesquels le sexe ne s'est pas différencié.

Les organes sexuels de l'homme

La verge.

La verge, appelée encore **membre viril** ou **pénis,** est un organe érectile, de forme cylindroïde, situé au bas-ventre de l'homme, de longueur et de diamètre variables, selon les individus. Elle se termine par un renflement conoïde, appelé **gland,** d'une très grande sensibilité, recouvert d'un repli mobile nommé **prépuce,** au sommet duquel s'ouvre le **méat**

urinaire. La couronne est la partie à la base du gland, et le petit sillon qui sépare celui-ci du reste de la verge a reçu le nom de **col.**

Le prépuce est retenu en dessous du gland par une petite bandelette appelée **frein** ou **filet,** suivant une disposition analogue à celle qui s'observe au-dessous de la langue. L'excision de ce filet constitue l'opération appelée circoncision ; le gland se trouve alors complètement découvert.

La verge de l'homme est libre et pendante ; elle sert d'enveloppe au canal de l'**urèthre** qui, communiquant à la fois avec la vessie et les réservoirs du sperme, sert en même temps à l'excrétion de l'urine et de la liqueur fécondante. Elle est formée d'un tissu spongieux qui a la propriété de se gonfler et de durcir lorsque le sang y afflue et elle devient ainsi capable de pénétrer dans l'organe génital de la femme.

Le canal de l'urèthre reçoit, près de la vessie, les canaux éjaculateurs véhiculant le sperme. Plusieurs glandes dépendent de l'urèthre et déversent leurs sécrétions dans ce canal ; parmi celles-ci sont les **glandes de Cooper** et la **prostate** qui, pendant la copulation, lors de l'émission du liquide en réserve dans les glandes séminales, fournissent un autre liquide laiteux, contribuant à la formation du sperme.

Les testicules.

Les organes de la génération les plus importants chez l'homme sont ceux qui sécrètent la liqueur séminale ; ce sont **les testicules,** au nombre de deux, placés dans les **bourses,** qui leur servent d'enveloppe.

Les testicules sont des corps durs, de la forme et du volume d'un œuf de pigeon, que l'on sent facilement au toucher ; ils sont séparés l'un de l'autre par une sorte de cloison et sont composés d'un réseau de canaux très fins, appelés **tubes séminifères,** d'un dixième de millimètre environ de diamètre, dont le développement total est approximativement d'une longueur de quinze cents mètres; ces canaux aboutissent à un faisceau d'une trentaine de vaisseaux, lesquels communiquent avec l'**épididyme**, petit corps oblong situé le long du bord postérieur et supérieur du testicule.

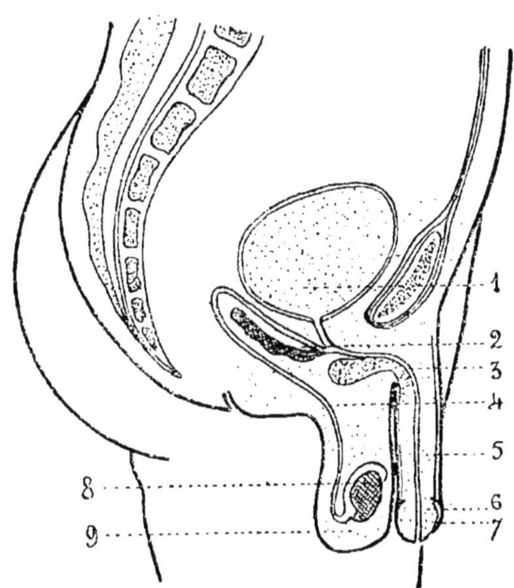

ORGANES GÉNITAUX DE L'HOMME

Coupe schématique : 1. Vessie. — 2. Vésicule séminale. — 3. Canal de l'urèthre. — 4. Canal déférent. — 5. Verge. — 6. Gland. — 7. Prépuce. — 8. Testicule. — 9. Bourse.

Le sperme.

Le sperme, substance complexe, demi-fluide, visqueuse, blanchâtre, d'odeur caractéristique, empesant le linge, contient comme éléments essentiels les **spermatozoaires** ou **spermatozoïdes,** qui naissent dans les tubes séminifères. Ces spermatozoïdes sont des animalcules doués de mouvements ondulatoires très rapides, ayant une large tête et une longue queue, qui leur sert à se mouvoir à la façon des jeunes têtards, et mesurant au plus un vingtième de millimètre.

Ils se trouvent en nombre incroyable dans les testicules, d'où ils sortent pour pénétrer par le moyen du **canal déférent** dans deux petits sacs appelés **vésicules séminales,** où ils demeurent jusqu'à l'expulsion, lors d'un accouplement, par le canal de l'urèthre.

Lorsqu'on examine une gouttelette de sperme au microscope, on voit ces animalcules, en mouvement continuel, aller et venir en tous sens, avec une grande rapidité ; on a constaté qu'ils se meuvent à la vitesse d'environ trois millimètres à la seconde. Le liquide spermatique en contenant 50.000 à 60.000 par millimètre cube, on peut calculer qu'à chaque éjaculation de sperme, d'importance très variable, selon les individus, mais en moyenne d'environ trois centimètres cubes, il en est ainsi expulsé cent quatre-vingt millions. Si l'on considère qu'un seul de ces animalcules est suffisant pour engendrer un être humain par la fécondation d'un ovule dans les organes génitaux de la femme, on se rend compte combien la nature a été prodigue pour parvenir à ses fins.

Chez l'homme, la présence des spermatozoïdes se manifeste un an ou deux après l'époque de l'aptitude à la fécondation, et elle finit, chez beaucoup de vieillards, bien avant qu'ils aient cessé d'être aptes au coït ; elle oscillerait ainsi entre l'âge de 15 ans et celui de 70 ans.

Le sperme est formé des sécrétions de six organes échelonnés des testicules au méat urinaire. Ce sont : le sperme proprement dit, fourni par les testicules, le liquide prostatique, qui donne au sperme son odeur spéciale et son aspect crémeux, fourni par la prostate ; le liquide des glandes de Cooper, limpide et filant, qui lui donne sa viscosité ; d'autres glandes fournissent aussi des mucus.

Le sperme peut être éjaculé sans diminution notable de quantité lorsque les testicules sont détruits ou altérés, comme chez certains eunuques, mais dans ce cas, dépourvu de spermatozoïdes, il devient impropre à la fécondation.

Les organes sexuels de la femme

La vulve·

Le mot vulve désigne l'ensemble des parties génitales externes de la femme, qui se composent du mont de Vénus, des grandes et petites lèvres, du clitoris et du méat urinaire.

Le **mont de Vénus** est une éminence de chair, en forme de triangle, au-dessus de l'ouverture génitale, qui se recouvre de poils à l'époque de la puberté, c'est-à-dire lorsque la femme se forme complètement.

Les **grandes lèvres** sont deux replis volumineux et arrondis, sortes de bourrelets, qui limitent l'ouverture de la vulve. Leur face interne est rose et lisse, secrétant une humeur onctueuse. La face externe se recouvre également de poils à la puberté. Fermes et fraîches chez les filles vierges, les lèvres deviennent molles chez les femmes qui ont eu de nombreux rapports sexuels. La bride membraneuse qui réunit inférieurement les deux lèvres se nomme la **fourchette.**

En dedans des grandes lèvres et complètement recouvertes par celles-ci, se trouvent les **petites lèvres.** Ce sont deux feuillets muqueux, minces, délicats, riches en vaisseaux sanguins et en nerfs ; en haut et en bas, elles se réunissent et se continuent avec le prépuce du clitoris. La sécrétion de nombreuses glandes les rend humides et glissantes. Lorsqu'une fille est vierge, les petites lèvres ne deviennent visibles qu'en écartant les grandes, alors que chez les femmes qui ont été plusieurs fois mères, elles dépassent parfois de beaucoup la fente vulvaire et sont alors rougeâtres et flasques.

Enfin, on donne le nom de **vestibule** à l'espace que limitent en avant les petites lèvres, en haut le clitoris, en arrière l'orifice du vagin.

Le clitoris. — L'hymen. — Le vagin.

Le **clitoris,** organe essentiel de la volupté chez la femme, est situé au point supérieur de jonction des petites lèvres. Cet organe présente beaucoup d'analogie avec la verge de l'homme, la disposition de ses vaisseaux sanguins le rendant susceptible d'une légère érection. Les anciens lui donnaient le nom d'aiguillon de Vénus, pour une raison facile à deviner. La femme à laquelle on l'a enlevé ou qui l'a très petit n'éprouve dans le coït que des sensations obscures et imparfaites.

L'orifice de l'urèthre, ou **méat urinaire,** en communication avec la vessie, se trouve au-dessous et en arrière du clitoris, à la partie supérieure du vestibule.

L'hymen est une membrane formée par un repli de la muqueuse et qui borde l'entrée du **vagin.** Sous le rapport de sa forme et de sa consistance, cette membrane, mince, peut

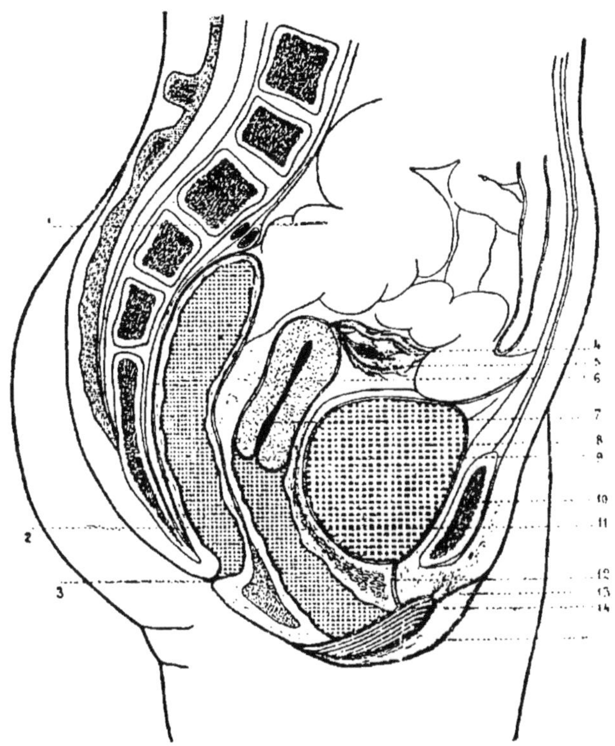

ORGANES GÉNITAUX DE LA FEMME

Coupe schématique : 1. Gros intestin. — 2. Rectum. — 3. Anus. — 4. Trompe utérine. — 5. Ovaire. — 6. Utérus ou matrice. — 7. Canal cervical. — 8. Vessie. — 9. Col de la matrice. — 10. Pubis. — 11. Vagin. — 12. Canal de l'urèthre. — 13. Clitoris. — 14. Petites lèvres. — 15. Grandes lèvres.

présenter de grandes variétés ; tantôt, elle est semi-lunaire, et son bord concave laisse une libre ouverture pour l'écoulement du sang menstruel ; tantôt, elle est en fer à cheval ou en anneau ; enfin, d'autres fois, elle présente une disposition labiale dont les bords sont séparés par une fente verticale. Cette membrane est rompue par la verge de l'homme lorsque, pour la première fois, la femme se livre à un rapprochement sexuel.

Le vagin, qui fait suite à la vulve, est un canal membraneux aux parois très extensibles, présentant un grand nombre de rides et de plis transversaux, surtout à la partie inférieure. Il remonte jusqu'à une protubérance appelée **col de la matrice** ou **col utérin,** située à la partie basse de la matrice.

De dimensions très variables, le vagin mesure, en moyenne, 27 millimètres de large et 8 centimètres de long ; des vaisseaux sanguins, forts et nombreux, lui fournissent la possibilité d'une augmentation de volume considérable. Pendant la copulation, il se rétrécit ; lors de l'accouchement, il se dilate. A l'orifice du vagin se trouvent deux éminences allongées, dites **bulbes du vagin,** ou du vestibule, qui constituent, avec le clitoris, les organes érectiles de la femme.

Le vagin a pour fonction de recevoir la verge, dans les rapports sexuels. C'est par lui que s'écoulent les règles et qu'a lieu aussi l'expulsion du fœtus lors de l'accouchement.

L'utérus. — Les ovaires.

Le groupe des organes génitaux internes de la femme est formé de l'**utérus,** des **trompes** et des **ovaires.**

L'utérus ou **matrice** est une poche musculeuse, de forme allongée et arrondie, comme une poire qui serait placée le haut en bas, et mesurant de 6 à 7 centimètres de longueur.

Cette poche est plus large et plus épaisse en haut, plus étroite et plus mince en bas ; elle est en communication avec le vagin par le col de la matrice, au moyen d'une ouverture transversale, dénommée **museau de tanche.**

L'utérus a pour mission de recevoir l'ovule fécondé et de l'expulser à la fin de la grossesse, après qu'il s'y est développé. Situé entre le rectum et la vessie, il a, à l'état de vacuité (lorsque la femme n'est pas enceinte), ses parois appliquées l'une sur l'autre ; il s'agrandit considérablement si un fœtus l'occupe.

A sa partie supérieure, la plus large, aboutissent de chaque côté, par une légère ouverture, d'un millimètre à peine, les **trompes de Fallope,** ou **oviductes,** canaux dont le rôle est de recevoir l'**ovule** féminin, non fécondé, à sa sortie de l'ovaire, et de l'amener dans l'utérus. Cet ovule constitue l'élément femelle mûr, destiné à être fécondé par un spermatozoaire.

Les **ovaires,** au nombre de deux, un à chaque trompe, sont des glandes de 3 à 4 centimètres de longueur, dans lesquelles se forment les ovules qui, à leur maturité, lorsque la femme est réglée, tombent dans les trompes ; ces ovules y sont, chez l'adulte, au nombre d'un million environ.

A peu près tous les vingt-huit jours, un ovule mûr se détache de l'un des ovaires et tout l'organe génital de la femme se congestionne, tandis que se rompent une multitude de petits vaisseaux sanguins. L'hémorragie plus ou moins abondante qui en résulte forme ce qu'on appelle les **règles** ou **menstrues.**

Les seins.

Les seins, ou mamelles, sont, chez la femme, les organes de la lactation. Ils se développent jusqu'à l'époque de la puberté, mais surtout au moment de l'activité génitale.

Les mamelles sont d'aspect très variable, suivant les femmes ; au centre du globe formé par la glande mammaire, la peau plus fine présente une grosse papille saillante, rose chez la jeune fille, brune chez la femme qui a accouché. C'est sur cette papille en forme de mûre, appelée **mamelon,** que par une vingtaine de fentes obliques viennent s'ouvrir les conduits amenant le lait.

Présentant chez la jeune femme des formes et des contours arrondis et gracieux, les mamelles, par la vue ou le toucher, agissent puissamment sur l'homme. A son tour, le mamelon, sous l'influence de certaines excitations, du baiser ou de la succion, subit une véritable érection qui a son écho sur les organes génitaux de la femme, car il y a sympathie de nerfs entre la matrice et les mamelles ; beaucoup de femmes éprouvent une vive sensation voluptueuse du fait du chatouillement du mamelon. Très souvent aussi, pendant l'allaitement, la nourrice reçoit la même sensation de plaisir, partagée à un certain degré par les organes génitaux, et causée par l'enfant en tétant.

C'est assurément la poitrine qui, après le visage, est l'objet des desiderata, soins et artifices poursuivis par la femme soucieuse de sa beauté. Il est rare que le médecin spécialiste n'ait pas à donner ses avis sur les seins. Une poitrine trop opulente peut quelquefois, par des soins éclairés, être ramenée à de justes proportions, tandis que par certains médicaments, on peut aider au développement des seins.

L'important pour la femme n'est pas d'avoir ceux-ci bien gros, la rotondité dépendant du plus ou moins de graisse, mais de les avoir fermes et bien posés. Pour cela, assez souvent, il suffirait, après avoir abandonné l'usage pernicieux et funeste du corset, de faire quotidiennement quelques exercices de respiration et de développer la cage thoracique qui supporte les seins ; ce serait donner ainsi en même temps de l'ampleur aux poumons et à l'extérieur de la poitrine. Il ne faut pas oublier que l'air et l'eau fraîche sont favorables à la beauté des seins.

Une âme saine dans un corps sain

La puberté.

La puberté est l'époque de la vie où apparaît la faculté pro-créatrice : par la première menstruation chez la jeune fille, par l'apparition des premiers spermatozoïdes chez le garçon.

Au moment de la puberté, il se produit un allongement du corps, la taille atteint sa limite, les os prennent de la soli-dité. Mais les principaux phénomènes qui s'observent à cet âge se produisent du côté des organes génitaux ; dans l'un et l'autre sexes, le système pileux se développe ; chez l'homme, les testicules deviennent plus gros et commencent à sécréter du sperme ; chez la femme, les ovaires deviennent plus volu-mineux, la matrice s'élargit, la menstruation apparaît, les seins se développent et le mamelon se forme.

On confond souvent la **puberté** avec la **nubilité.** Si, dans les pays chauds, l'homme est pubère de 10 à 12 ans, et la femme de 8 à 10, dans nos climats tempérés, le jeune homme l'est à 14 ans environ et la jeune fille vers 12 ans, mais à cet âge, celle-ci n'est pas nubile, c'est-à-dire que ses organes n'ayant pas encore atteint le développement nécessaire, ses os n'étant pas encore soudés, une grossesse précoce compromettrait sa santé et n'aboutirait pas au terme normal.

A la puberté, un premier ovule, se détachant des ovaires, détermine un jour l'hémorragie menstruelle, le signe de la vie féminine proprement dite, amenant de la tristesse, un manque d'appétit, des courbatures et des malaises muscu laires. Mais ce ne sont là que de légers tourments. En même temps, le côté féminin s'accentue franchement, la poitrine se développe, la taille s'allonge, les formes devien· nent souples et gracieuses, la voix prend un timbre doux et harmonieux, et le désir de plaire s'éveille peu à peu chez la jeune fille. Elle est prise d'accès de mélancolie que rien ne peut expliquer ; la vue des jeunes gens la jette dans un trouble indéfinissable, et mademoiselle Sensitive n'aime plus autant les jeux de garçon. C'est maintenant une femme. Elle devra pratiquer dorénavant une fois par jour sa toilette intime avec de l'eau tiède, pure ou additionnée d'eau de Cologne.

Les applications quotidiennes d'eau froide sous forme de bain froid, de tub, ou autrement, sont le plus puissant tonique et le meilleur fard pour conserver la fraîcheur de la peau et la fermeté des chairs.

Le besoin sexuel et la continence chez l'homme.

La possession en pleine vigueur du sexe crée le **besoin sexuel**. Chez l'homme, il se manifeste par une sensation d'abord vague, pénible, qui se transforme en un désir de plus en plus vif, de plus en plus impérieux, de donner satisfaction à l'organe génital par la copulation, dans l'accouplement avec la femme. Lorsque le sperme se trouve accumulé dans les vésicules séminales, la sensation de besoin du coït se communique au cerveau et agite vivement l'homme qui est irrésistiblement incité à penser à la femme et se trouve poussé à sa recherche par la nécessité de calmer l'ardeur qui l'embrase (*).

Le besoin sexuel, on ne peut le contester, est une fonction de la nature humaine, qui prend place immédiatement après les besoins nutritifs, et si les actes de boire à sa soif ou de manger selon sa faim ne sont des actes ni moraux, ni immoraux, satisfaire l'instinct sexuel ne doit, quoi qu'on en ait dit, comporter aucune appréciation de moralité.

Mais d'autre part, comme l'écrit le Dr Nyström, « le besoin sexuel n'est pas le besoin de reproduction ; le désir d'avoir des enfants n'entre pour rien dans l'amour. Analysé de près, le besoin sexuel se montre composé d'un besoin physique d'évacuer certaines sécrétions des organes sexuels : le besoin d'éjaculation, et, pour le surplus, du besoin sympathique de toucher, de caresser et d'embrasser la personne désirée, ce qui constitue le besoin d'embrassement.

« On peut dire d'une manière générale que le coït est son propre but. Lorsque l'union des sexes n'est pas amenée par une sympathie personnelle, le besoin du coït se manifeste sans aucune attraction d'ordre élevé, et une union sexuelle occasionnelle en est souvent la suite.

(*) Une distinction doit être faite dans le besoin sexuel, que l'on a analysé et décomposé en **faim sexuelle et appétit sexuel.**

« L'appétit sexuel n'est autre chose que le désir de la satisfaction génitale : c'est simplement un organe qui demande à fonctionner ; son origine est dans les sensations parties des organes génitaux. Celles-ci éveillent dans notre esprit l'idée du rapprochement sexuel, le souvenir d'instants agréables, la perspective d'un frisson délicieux.

« ...La faim sexuelle n'est satisfaite que dans l'union de deux êtres qui se sont choisis en vertu d'affinités mystérieuses.

« De la faim sexuelle dérive l'amour ; l'appétit sexuel ne peut engendrer que le désir.

« ...Qu'on ne s'y trompe cependant pas, l'aboutissant à peu près fatal est toujours le rapprochement des sexes. » (Dr Joanny Roux. — **L'Instinct d'amour.** — J.-B. Baillière et fils, éditeurs. Paris.

« L'amour a-t-il, au contraire, uni deux individus, le coït n'est plus seulement un pur besoin physiologique entre eux, mais encore une aspiration à un rapprochement plus intime et à un embrassement passionné de l'être aimé. Comme tel, il a, outre la mission d'amener le spasme éjaculateur, celle d'entretenir la tendresse et la félicité des conjoints et le bonheur de la possession réciproque. » (**)

La mission du coït n'est donc pas uniquement d'engendrer des enfants, car s'il en était ainsi, en supposant que la femme procrée un enfant par an, le rapport sexuel ne se justifierait qu'une fois l'an, et les parents se verraient obligés de renoncer à tout rapport sexuel dès le deuxième, troisième ou quatrième enfant. Est-ce qu'un mari ne pourrait s'approcher de sa femme que pour la rendre grosse ? Ce serait simplement monstrueux.

Certains gynécologues, doublés de moralistes outranciers, ont été jusqu'à prétendre que l'homme doit suspendre tout rapport sexuel lorsque la femme est enceinte : d'abord, pendant les neuf mois de la grossesse, puis les 12 ou 14 mois que dure l'allaitement, enfin, 3 à 6 mois pour que les organes reprennent leur état normal, soit en tout de 2 ans à 2 ans et demi !

On devine quels seraient les effets d'une telle exagération si elle était prise au sérieux. Combien d'hommes, prévenus des entraves, des risques et des charges que comporterait le mariage ainsi compris voudraient prendre femme et se sentiraient capables d'observer pareille abstinence ? Lequel pourrait affirmer, dans ces conditions, n'avoir jamais aucun écart sexuel, ne commettre aucune infidélité conjugale ?

D'après un auteur sérieux, Gruber, les couches exigent

(**) Dr Anton Nyström, de Stockholm, « LA VIE SEXUELLE ET SES LOIS ». — 1 fort volume in-8°. Vigot frères, éditeurs, Paris.

une interruption de rapports sexuels d'au moins quatre semaines, et lorsqu'ils sont repris, ils doivent être rendus stériles. La grossesse, par contre, n'exige pas la continence mais pendant sa durée, cela va sans dire, le mari tiendra compte de l'état de sa femme et la traitera avec tous les égards et les ménagements qui lui sont dus.

Pour se conserver en bon état de santé, l'homme a besoin du développement normal et de l'activité régulière de ses diverses fonctions. Incité à se joindre à un individu du sexe opposé par les désirs amoureux qui naissent en lui quand ses organes génitaux sont arrivés à leur perfection, si l'homme n'obéit pas alors aux injonctions de la nature, le sperme se résorbe chez lui en partie ou s'échappe parfois en pollutions nocturnes involontaires.

Dans l'espèce humaine, rien n'est aussi différent que le besoin sexuel ; on peut dire qu'il varie, suivant les individus, d'une absence complète à une surexcitation intense et sans interruption. C'est affaire de tempérament, mais un état d'équilibre parfait dans la santé ne peut être obtenu, pour la majorité des hommes, sans une juste proportion dans la répétition des ébats amoureux. On ne peut fixer aucun chiffre et ne recommander pas plus des rapports hebdomadaires que des rapports quotidiens ; un vif désir sexuel de la part de la femme, son amour, ses caresses, tendent à augmenter et à conserver l'appétit sexuel du mari, et on peut seulement dire au sujet de la fréquence du coït que lorsqu'il est suivi d'un sentiment de bien-être, de satisfaction, que le corps reste vigoureux, on a satisfait un besoin normal. Par contre, si cet acte est suivi d'un sentiment d'abattement, de malaise général, que la tête paraît lourde, on doit en conclure que les rapports sexuels sont trop souvent répétés.

D'autre part, pendant combien de temps l'homme peut-il dominer le besoin sexuel ? Une abstinence sexuelle n'est pas impossible pour un jeune homme sans grande passion, à l'abri de toute excitation artificielle, mais à la longue, cet état peut être considéré comme anormal. Chez l'homme jeune et vigoureux, il amène vite de l'agitation, de la tristesse, des rêves pénibles et un sommeil troublé, sans parler d'autres accidents plus sérieux dont le remède est dans la seule pratique de rapports sexuels réguliers.

« Au reste, dit le Dr Nystrom, nous ne désirons pas seulement savoir si la continence absolue produit des maladies plus ou moins graves, mais si elle rend ceux qui la pratiquent plus ou moins heureux. Il ne s'agit pas uniquement d'une question de médecine et il faut donner à la question une autre direction. On peut avancer que la nature n'a jamais voulu que les hommes vivent dans la continence sexuelle, bien au contraire. Une vie dans l'ascétisme et les privations n'est certes pas gaie. La joie de vivre est un état naturel, quelque chose qu'on peut appeler un droit de tous ceux qui sont venus au monde. Ceux qui ont « une âme saine dans un corps sain » et qui, par conséquent, peuvent comprendre l'amour, ceux-là aiment la vie, admirent ses beautés et cherchent leur bonheur en un monde qu'ils ne veulent pas envisager comme une vallée de larmes. »

Je rapporterai également ici une observation relative à la chasteté, vertu qui exalte la continence et qui fait qu'on s'abstient volontairement des plaisirs charnels :

« Le développement individuel a pour condition une chasteté relative. Est-ce à dire que la chasteté soit une vertu ? Nullement ; elle n'est excusable que lorsque le chaste, par ses œuvres, est plus utile à l'Espèce qu'il ne l'aurait été par la procréation. La chasteté impose donc des obligations considérables ; sans cela, elle n'est que de l'égoïsme. C'est un moyen pour arriver à de plus grandes choses ; c'est une erreur d'en faire un but et surtout une vertu. » (Dr Joanny Roux. — *L'Instinct d'amour.*)

Le Dr Nyström résume son opinion en cette phrase : « Il

appartient à tous de bien se rendre compte que l'un des premiers principes de la vie est que :

L'homme a besoin de la femme.

La femme a besoin de l'homme.

« Ceux qui ne sont pas sous la dépendance de ce principe sont physiquement ou mentalement malades, ce sont des êtres faibles ou anormaux. »

Je ne puis résister au désir de citer aussi cette belle pensée de Maeterlinck :

« Qui sait si ce n'est pas dans un de ces moments où les héros reposent sur la poitrine de la femme qu'ils apprennent à connaître la force et la fidélité de leur étoile, et si l'homme qui n'a pas reposé sur le cœur d'une femme pourra jamais avoir un pressentiment vrai de l'avenir ? »

Le besoin sexuel et la continence chez la femme

Le besoin sexuel est très diversement développé chez la femme, mais il fait partie de l'organisation féminine aussi bien que de l'organisation masculine, quoiqu'il soit plus souvent étouffé par les principes conventionnels et les circonstances sociales chez celle-ci que chez l'homme. Il peut se trouver parfois si violent et développé de si bonne heure que des jeunes filles, même de haute condition sociale, ayant reçu la meilleure éducation, peuvent se voir poussées involontairement à se donner à l'homme qu'elles aiment. Elles trouvent naturel aussi de céder à ses sollicitations parce qu'elles ne comprennent pas que l'abandon entier de leur corps ne doive pas nécessairement et immédiatement suivre l'abandon de leur cœur ou même les premiers baisers.

Généralement, l'appétit sexuel de la femme est subordonné à l'amour et ne se développe que par le fait de l'homme, c'est-à-dire seulement après avoir déjà eu des relations charnelles; chez certaines, ce n'est qu'au bout de quelques semaines, ou même de quelques mois, que le besoin sexuel et le sentiment de la volupté se manifestent; d'autres femmes n'éprouvent de désir qu'après la naissance de leur premier enfant, ou vers la trentaine.

Il est incontestable cependant que la femme ressent encore plus que l'homme un besoin d'amitié, de caresses et d'amour, car chez elle, l'amour constitue le but même de la vie. Privée de ce sentiment, la femme renie sa nature et cesse d'être normale ; isolée, elle souffre, languit, et ses sens la tourmentent confusément. Il faut dire aussi que la beauté masculine n'a pas autant de puissance sur elle que les attraits féminins sur l'homme, et serait plutôt de nature à déterminer le choix de la femme qu'à agir sur ses sens, mais la femme subit comme lui l'influence du contact ; les baisers reçus sur la bouche réagissent sur les organes géni-taux et provoquent le désir.

C'est parmi les femmes qu'on rencontre la plupart des natures auxquelles font défaut tout besoin sexuel, et qu'on a dénommées « natures froides ». Certaines croient remplir leur devoir conjugal en ne refusant jamais le coït à leur mari, ne se rendant pas compte que, surtout dans le mariage, l'amour ne peut subsister que par un abandon complet des époux vis-à-vis l'un de l'autre, c'est-à-dire par la participation entière de toute la personne dans l'acte. Combien sont enviables ces jeunes épouses, fraîches, gaies, si bien douées de la Nature, qui, au lieu d'exalter des malheurs imaginaires, trouvent la plus grande satisfaction à plaire à leur mari et font ainsi le bonheur de leur union !

On doit dire aussi qu'à moins de défaut de constitution, chaque fois que l'homme se livre à l'acte génital, il ressent la même sensation voluptueuse, tandis que la femme la mieux conformée peut, par manque de sympathie ou d'excitation, ne trouver aucun plaisir, — elle qui est pourtant supérieurement constituée en vue de ces sensations voluptueuses — et même éprouver de l'ennui, de la contrariété, dans l'instant où, au jeu de l'amour, exulte son partenaire.

Le Dr Nystrom est d'avis « qu'un petit nombre seulement de femmes seraient sexuellement insensibles s'il régnait chez les hommes une saine appréciation de la vie sexuelle, s'il y avait dans le mariage, des deux côtés, un véritable amour, accompagné de caresses, et si les époux qui désirent éviter la grossesse faisaient usage des moyens préventifs appropriés et non de ceux qui ne le sont pas. Bien des femmes mariées n'éprouvent aucune satisfaction dans la pratique de l'acte conjugal, parce qu'elles se trouvent toujours en proie à la crainte la plus vive et ne pensent qu'à se retirer au moment de l'éjaculation. »

Une croyance généralement répandue est que les femmes, surtout les jeunes filles, ne souffrent pas de la continence. Rien n'est plus faux ; l'abstinence de tout rapport sexuel provoque des désordres dans l'économie féminine, tout comme pour l'homme, principalement à l'âge de la maturité, ou lorsque la femme a eu déjà pendant longtemps des relations charnelles régulières, ce qui est le cas des veuves. Certaines femmes sont de ce fait sujettes à une grande excitation sexuelle, et, voulant rester fidèles à un amour passé, se trouvent poussées à se satisfaire elles-mêmes par l'onanisme. Dans ce cas, le traitement indiqué, à défaut de relations sexuelles normales, pourrait être l'hypnotisme, et comme médication, le bromure de potassium, le camphre, l'opium, etc.

Chez la femme, l'aptitude à la génération commence avec l'apparition des règles et finit avec leur cessation, mais le besoin sexuel peut se manifester dans un âge avancé et longtemps après la cessation des règles. Bien des femmes éprouvent encore de l'appétit sexuel de 60 à 70 ans, atteignant à l'orgasme complet dans le coït, et ayant même des pollutions avec rêves érotiques.

Hygiène et propreté sexuelles.

La première et la plus élémentaire vertu de toute personne qui se respecte, de l'un ou de l'autre sexe, est la propreté. La propreté est la chasteté du corps ; elle est, dans une certaine mesure, gardienne de la pureté des mœurs et une condition de santé et de dignité. Dans l'amour, on ne peut désirer le contact que de lèvres pures et de corps sains et immaculés.

L'usage de l'eau fraîche, non seulement pour le lavage des mains et du visage, mais pour le corps tout entier, est aussi le reconstituant le plus énergique, le plus efficace que l'on puisse recommander. Je m'en tiendrai exclusivement, dans ce volume, à ce qui touche à l'hygiène sexuelle et je rappellerai qu'il est absolument indispensable de faire quotidiennement un lavage des organes sexuels et de la région anale, leurs fonctions spéciales et les sécrétions qu'ils élaborent les souillant de façon continue.

Chez l'homme, les organes génitaux doivent être tous les matins lavés au savon ; le soir, avant de se coucher, il fera disparaître encore par un lavage à l'eau fraîche les souillures qui se sont produites dans la journée.

La femme, tout particulièrement, aura pour ses organes génitaux des soins de propreté qu'elle ne devra jamais croire excessifs. Chaque jour, elle fera, étendue sur un bidet ou un bassin, un lavage complet avec le bock ; les mucosités du vagin humectant constamment celui-ci, il est nécessaire de le laver aussi complètement que possible, par dignité, d'abord, et ensuite, afin d'éviter diverses maladies qui dérivent d'une malpropreté continue.

L'eau qu'elle emploiera à cet effet, toujours tiède ou chaude, ne sera additionnée d'aucun médicament, sauf, si la femme le veut, d'une infusion de fleurs ou de feuilles médicinales. Lorsqu'elle ne disposera pas d'eau chaude, elle emploiera de l'eau à la température de la chambre, mais le moins fréquemment possible et en proscrivant absolument l'eau froide au moment des règles.

Chez les vierges, les injections dans le canal vaginal sont inutiles, et dans certains cas, l'étroitesse de l'hymen les rend d'ailleurs difficiles, mais l'hygiène prescrit à toute autre femme de prendre ces irrigations vaginales.

Lors de ses règles — dont la durée et l'abondance sont variables selon les personnes, et qui peuvent durer de deux à sept jours — la femme prendra la précaution de se garnir les parties génitales d'une serviette repliée, d'avant en arrière, dont chaque bout sera fixé à un lacet ou une ceinture faisant le tour de la taille. Prendre de préférence de la toile vieille et usée, douce, absolument propre ; changer cette garniture trois fois par jour, ou au moins matin et soir ; on trouve dans le commerce des tampons spéciaux pour cet usage.

La femme devra faire plus fréquemment encore sa toilette intime pendant ses règles, en se gardant surtout d'user d'eau froide, absolument nuisible pour elle à ce moment. Les bains ou douches, s'ils étaient pris trop froids, comme aussi trop chauds, pourraient avoir comme conséquence une suppression brusque de l'écoulement sanguin. Aussitôt après la cessation de celui-ci, elle prendra un grand bain tiède alcalin qu'elle préparera en faisant dissoudre 500 grammes de cristaux de soude.

La chaleur favorisant un écoulement menstruel sans souffrances, il est bon que la femme porte des vêtements chauds et des pantalons. Elle doit éviter autant que possible les contrariétés, les émotions, dans ce moment difficile. Si les règles sont pénibles et douloureuses, une infusion chaude d'armoise ou des capsules d'apiol sont très efficaces.

Les manifestations de la vie sexuelle

Qu'est-ce que l'amour ?

L'amour, but de la création et charme de la vie, est le sentiment merveilleux, sublime, suggéré par la nature pour assurer la perpétuité des êtres vivants, la transmission de la vie à travers les siècles et les mondes.

L'amour, en tant que passion, est suscité par la faim sexuelle, et la possession apaise souvent bien vite l'amour le plus fougueux ; c'est ce que traduit le dicton populaire : Le mariage est le tombeau de l'amour.

L'amour physique, sobre et normal, est sain, nécessaire et moral ; il donne plus de richesse et de valeur à la vie ; le plaisir qu'il procure est susceptible de devenir très esthétique ; il est un des moyens de s'élever au plus haut degré de beauté, à une conscience radieuse et puissante. L'amour véritable rend les amants meilleurs et plus forts ; l'homme qui aime vit une seconde vie : celle de l'aimée, avec laquelle il fond ses pensées, sa volonté ; le souci du bien-être de l'être chéri constitue aussi bien que la passion sexuelle un besoin et une satisfaction.

Les eunuques ne sauraient s'amouracher, pas plus que les femmes dont on a enlevé les ovaires, car l'amour procède des glandes sexuelles, comme la vue est la fonction des yeux. L'amour strictement platonique, immatériel, est un mythe, une illusion enivrante, bien qu'il soit certain que ce n'est pas seulement le besoin de relations sexuelles qui porte l'homme et la femme à s'unir par l'amour, mais aussi le désir d'entrer en relations ensemble pour la personnalité, le caractère, la présence d'un être aimé, qui remplisse la solitude de la vie et embellisse l'existence par de tendres soins. Il est évident que l'homme a besoin d'une compagne, qu'elle soit épouse ou amie, qui satisfasse le besoin d'entretiens libres, confidentiels et sans gêne, où la sympathie réciproque empêche toutes ces querelles et ces discussions que l'homme ne rencontre que trop souvent dans ses relations avec ses semblables. L'homme normal se complète par la femme ; l'influence des qualités vraiment féminines : la tendresse, la faculté de répandre le confort et l'agrément autour d'elle, l'amabilité, la grâce, lui est nécessaire. Le sourire adorable des jeunes femmes le réconcilie avec l'espèce humaine.

Michelet a écrit : « L'homme désire, la femme aime. » J'ignore jusqu'à quel point cela est vrai, et le sens que l'illustre historien accordait au mot aimer ; le fait est que le plus souvent, c'est l'homme qui actionne et la femme qui cède. Parfois même, elle se sacrifie pour lui être agréable. L'amour de la femme serait plus sentimental, moins sexuel, a-t-on dit, plus durable : peut-être est-il plus suggestif, mais on peut se demander si les conventions sociales ne sont pas pour beaucoup dans la difficulté censée de ressentir l'amour, entre l'homme et la femme.

L'amour, si grand fût-il, doit procurer à l'homme et à la femme une égale satisfaction dans l'accomplissement de l'acte génital ; il ne saurait résister aux désaccords qui peuvent se produire si l'égalité n'existe pas dans l'œuvre de chair ; une part égale de plaisir doit échoir aux deux conjoints, et ce n'est qu'à cette condition qu'une vie commune heureuse a alors toute chance d'être durable. En fait, et malheureusement, la femme n'est que rarement recherchée pour elle-même, pour ses mérites particuliers, mais elle l'est à cause du plaisir sexuel dont elle est dispensatrice.

On dit « faire l'amour », la « saison des amours », c'est-à-dire de la copulation, ou du rut, chez les animaux, mais l'espèce humaine fait l'amour en toute saison, dès que les glandes sexuelles, le testicule, chez l'homme, l'ovaire, chez la femme, exercent leur influence sur l'organisme. Aussitôt leur fonctionnement commencé, l'adolescent subit une transformation radicale dans son ensemble, et il devient complètement soit homme, soit femme.

Il se produit alors un éveil de la nature, tout comme, au printemps, le règne végétal fait ses grands préparatifs, au sortir de sa torpeur hivernale, et s'orne de ses fleurs splendides et parfumées, en vue de ses noces de Cana. Lorsque nous sommes jeunes, nous recherchons l'amour et nous croyons le ressentir quand nous sommes avertis par une douce émotion, qui se transforme bientôt en une chaude sympathie, qu'un autre être nous devient cher. Faisons en sorte que cette fleur printanière, prélude de l'amour, ne passe pas sans avoir de lendemain. Efforçons-nous de ne cultiver qu'un amour durable, persévérant ; qu'il soit fidèle et vivace ; qu'il supporte les bourrasques de l'hiver, comme la brise parfumée des jours ensoleillés, et s'il se réjouit de ceux-ci, qu'il se témoigne surtout dans les jours mauvais. Sachons supporter, souffrir, pardonner, et que notre affection ne s'altère pas en vieillissant, ne faisant pas mentir le charmant proverbe allemand : « Vieil amour ne rouille pas. »

Difficultés de l'initiation amoureuse.

Les premières heures du tête-à-tête intime auquel sont livrés les deux jeunes gens au soir de leurs noces ne peuvent être décrites. Les mots affectueux et touchants se mêlent aux paroles triviales, les gestes tendres aux attitudes vulgaires, et les idéalistes épouses qui essaient parfois de confier à une amie affectionnée leurs impressions de la nuit nuptiale ne peuvent traduire toute la vérité, parce qu'elle est inexprimable.

L'homme ne saurait apporter trop d'attention à l'heure décisive où, par lui, la jeune fille va devenir femme. Il devra user de beaucoup de prudence et de délicatesse ; il oubliera son plaisir personnel et songera uniquement au bonheur de celle qui, perdue dans l'inconnue, se confie à lui, car la jeune mariée qui entre dans la chambre nuptiale n'est pas, comme son époux, préparée à ce qui va se passer. Dans sa nouvelle situation, elle redoute toujours un peu son mari, et de l'impression qu'elle conservera de ce moment dépend beaucoup plus qu'on ne le croit le bonheur ou le malheur ultérieur du ménage ; le mari — ou l'amant — doit, en ayant recours à des graduations insensibles, faire accepter à la jeune vierge ce qu'il y a de pénible pour sa pudeur dans une étreinte qu'elle ne se figurait pas d'une telle intimité, si instruite de la vérité fût-elle en théorie.

L'époux plein d'ardeur, mais souvent sans expérience, n'ayant eu jusque-là que des amours faciles, n'use pas toujours à l'égard de la nouvelle épouse des ménagements qui lui sont dus. Le premier rapprochement exige, en effet, des précautions dont la négligence amène les résultats les plus fâcheux lorsque le sacrifice nuptial est par trop douloureux pour la jeune fille.

Le jeune homme dont la seule pensée est que la vierge qui se donne à lui est un être qui lui appartient complètement, qu'il a le pouvoir de prendre comme il lui convient, et qui consomme le mariage dans les premiers instants de la réunion des époux avec une impétuosité brutale, commet un véritable viol légal ; la jeune fille sent que pour la traiter ainsi, il faut un manque profond de délicatesse et de noblesse d'âme, et elle éprouve dès ce moment de l'éloignement pour celui qu'elle devrait aimer.

Lorsqu'il y a une importante différence d'âge ou de développement physique entre les deux époux, par exemple, entre un homme dans toute sa vigueur et une jeune fille de complexion assez délicate, la recommandation d'avoir de grands égards vis-à-vis d'elle est encore plus à observer, car un premier coït brutal peut amener des déchirures ou des lésions importantes, cependant facilement évitables.

Si, comme il doit le faire, l'homme ne consomme le mariage qu'après avoir sollicité, obtenu le consentement de l'être qui se donne à lui, s'il évite soigneusement toute brusquerie, toute brutalité, en enveloppant la jeune fille de caresses rassurantes, en amenant le calme dans son esprit par de touchantes attentions et la persuasion d'un amour tendre, s'il s'efforce d'éveiller en elle le désir sexuel par les baisers et les enlacements, si enfin, il fait en sorte que les premières sensations soient pour elle une promesse de volupté, et si la femme aime déjà son initiateur, elle s'attache à lui à tout jamais.

L'effort physique du mari doit être dirigé sur la partie postéro-inférieure de l'organe sexuel, les petites lèvres ayant été d'abord écartées ; des efforts directs à cet endroit permettent de rompre aisément l'hymen. Cependant, si des essais vainement répétés devenaient fort douloureux, ce qui est un cas exceptionnel, il vaudrait mieux attendre quelques jours avant de faire une nouvelle tentative.

Il est fort rare que dès les premiers rapports une vierge ressente une jouissance physique. Il en est bien différemment : les premiers rapprochements, en rompant l'hymen et en distendant l'organe sexuel, provoquent une certaine douleur. Après la défloration, le jeune époux qui, pensant être agréable à sa femme, s'efforce de lui démontrer sa vigueur par des rapprochements répétés, se trompe donc gravement. Ce sont les caresses et les baisers qui plaisent le plus à une femme au soir du mariage, car les allées et venues répétées de la verge sur des organes froissés, déchirés, produisent alors des frottements irritants. Quelque repos serait même nécessaire, si l'irritation était trop forte, et la femme prendrait quelques injections de décoction de têtes de pavot.

Au surplus, pour mettre le jeune homme de sentiments délicats au courant des mystères de l'amour, pour lui permettre de faire plus tard le bonheur de celle à qui il liera sa vie, pour l'initier lui-même, en un mot, il serait à souhaiter qu'il trouvât, à l'âge où les désirs vifs sont éveillés en lui, une tendre Lycénion, qu'il puisse aimer sincèrement, dont il recevrait la science de l'amour, en attendant que, tel Daphnis, il rencontre sa Chloé et fonde avec elle un foyer.

Il est préférable, évidemment, que nos jeunes gens s'épousent tous deux vierges, mais, pour cela, il faudrait que le mariage eût lieu de bonne heure, et l'usage, en France, est d'attendre que l'homme se soit fait une position, ce qui n'a guère lieu avant 25, 30 ou 35 ans.

Les complexités de la vie, les études souvent très longues, le service militaire, etc, ne favorisent guère le mariage des jeunes gens. En outre, les parents d'une jeune fille ne veulent ordinairement lui laisser épouser que quelqu'un dont l'avenir est assuré, et, entre un jeune homme robuste, entreprenant, intelligent, mais sans grandes ressources, et un petit boutiquier, à l'esprit étroit, âgé, fatigué, ils n'hésitent pas : leur fille est destinée au boutiquier. On prépare ainsi des mariages qui ne sont plus que des unions cimentées par l'intérêt seul, destinées à rester stériles à tout jamais, dans lesquelles l'homme et la femme séparés d'idées, de goûts, de sentiments, ne peuvent ni se comprendre, ni s'aimer.

Le retard apporté au mariage est une cause de perturbation profonde dans l'existence d'un être jeune. Des préjugés viennent encore aggraver le mal ; un jeune homme, dit-on, doit connaître la vie, s'être amusé. Rien de plus préjudiciable aussi bien à la morale qu'à la santé. Combien de désastres, de vies empoisonnées ou perdues par des fréquentations où l'amour n'est plus qu'une caricature de ce noble sentiment, et dont la cause initiale est l'ignorance de tout ce qui touche à la vie sexuelle !

Considérations à propos de la virginité.

Qu'il me soit permis de présenter ici quelques considérations sur l'hymen et la virginité. Selon l'opinion courante, un jeune homme qui se respecte doit avoir eu déjà, avant le mariage, une ou plusieurs maîtresses ; la polygamie de l'homme est alors quasi-officielle. Mais l'opinion — faite par les hommes — est beaucoup plus rigoureuse à l'égard de la vertu féminine.

Pour ce qu'on appelle la faute de la femme, on connaît la sévérité de la morale religieuse et bourgeoise d'une société où l'argent seul est capable d'assurer l'estime et le respect :

ce n'est rien moins que le déshonneur. Et pourtant, le sexe fort ne peut user de son privilège, courir de la brune à la blonde, qu'à la condition que l'autre sexe se prête à ses caprices ! Et s'il y a déshonneur pour une femme à fréquenter un homme avant qu'elle ne se marie, pourquoi n'en est-il pas de même pour celui-ci ?

A la vérité, le nombre de jeunes personnes qui se sont données à un homme en dehors du mariage, complètement ou non, est assez grand. Mais combien aussi ne l'ont-elles fait que dans une heure d'irréflexion, trompées par des promesses auxquelles elles n'ont eu que le tort de croire ?

Cependant, l'homme exige que l'hymen, cette membrane fragile barrant l'entrée des organes, soit intacte au jour du mariage, et que l'effusion de sang que provoque sa déchirure vienne lui apporter la preuve qu'il possède une vierge authentique ! Qu'il est facile de le tromper ! Une jeune femme quelque peu habile dans l'art de la simulation peut, lorsqu'elle le veut, en appliquant la recette suivante, se donner une vraisemblance de virginité en raffermissant la chair de ses organes et en rendant à ceux-ci l'étroitesse spéciale aux vierges.

Pour cela, comme l'indique le Dr Debay, elle prendra quotidiennement avec le bock, pendant une semaine, une grande injection d'eau froide additionnée de teinture de benjoin fort concentrée (alcoolé benzoïque à 90°), essuiera ensuite les parties génitales avec un linge et les saupoudrera de poudre d'amidon à l'intérieur et à l'extérieur.

La femme peut aussi, au lieu de cette préparation, extraire le jus de trois ou quatre citrons et le mêler avec de l'alun en poudre à l'eau de l'injection, dans la proportion de 15 grammes d'alun par litre d'eau bouillie. Il faut de plus frictionner d'un quartier de citron les petites et les grandes lèvres. Le tanin est également adopté pour les injections astringentes, à la dose de 10 grammes par litre d'eau.

Puis, au soir voulu, avant de se mettre au lit, la femme

se placera au fond du vagin une petite vessie de baudruche très mince, remplie de sang de pigeon. Lors du sacrifice nuptial, l'écoulement de ce sang s'échappant sur le linge donnera au nouvel époux l'illusion d'avoir été l'initiateur !

On voit par là quelle peut être la valeur de l'indice « hymen », dont l'absence inopportune est la cause de tant de complications et de malheurs dans l'existence d'une infinité de couples !... Et, pendant que ma plume est là, mélancolique, à glisser sur ces lignes, le mot de Montaigne me revient à l'esprit : « Les femmes donnent leurs appâts à médiciner difficilement, mais à garçonner tant qu'on veut », et je me demande ce qu'il y eut jamais de vrai dans cette affirmation. De quel droit aussi fait-on au sexe faible un crime de ce qui n'est souvent que le résultat de circonstances impérieuses ?

C'est ici que se manifeste la parfaite inutilité des lois, réglementations matrimoniales et autres, qui n'ont jamais empêché les individus de suivre leurs passions ; elles se bornent à les rendre plus malheureux, à leur imputer des crimes qui n'existent que dans l'imagination des législateurs, à les torturer dans leur pensée et dans leur chair, pour s'être laissés aller à la douce joie de vivre !...

Comment s'assurer un amour inaltérable.

L'initiation accomplie, le bonheur des jeunes époux n'est pas assuré à tout jamais. Il est plus difficile de conserver un cœur que de le conquérir ; les deux époux doivent donc entretenir la flamme de leur amour et aviver mutuellement leurs désirs par des attentions délicates et mille petits soins de tous les instants.

Certes, aux jours qui suivent le mariage, mari et femme sont habituellement sous le charme de tant d'impressions nouvelles, ils sont animés d'une si vive intention de se plaire que, pour y parvenir, point n'est besoin d'efforts ou de bonté. Mais, le temps passant, la griserie se dissipe, la réalité apparaît, et les deux époux se découvrent tels qu'ils sont.

Les heures enchantées de la lune de miel évanouies, leur désir de s'être agréable, de ne point s'offenser, doit être aussi intense que s'il s'agissait encore pour tous deux de se faire agréer leur amour. Un sentiment intuitif doit mettre les époux en garde contre l'indifférence ou les tentations du dehors. La meilleure tactique du bonheur, pour tous deux, est de se conduire vis-à-vis l'un de l'autre, comme s'ils n'étaient pas mariés ; le mari doit traiter sa femme comme une maîtresse, c'est-à-dire, pour traduire cette singulière locution, la considérer en tout temps comme une femme aimée d'amour.

La femme doit aussi pouvoir satisfaire sa curiosité voluptueuse sans être jamais tentée d'aller la rechercher auprès d'un autre que son mari ; il est naturel qu'elle confie tous ses désirs à celui dont elle reçut les premières caresses. C'est seulement la possession entière de l'être aimé, la recherche du plaisir sain et légitime, la volonté de n'avoir aucun secret l'un pour l'autre, de s'unir à jamais en un seul, qui peuvent lier intimement les deux conjoints. Que les deux époux fassent provision de bonnes journées de jeunesse et d'amour dont le souvenir les réconfortera quand les heures deviendront tristes ! La volupté est le lien qui retient l'homme et la femme au foyer : pratiquez-la ; dans les soucis du présent, ce sera la liqueur d'oubli, quoiqu'il ne faille cependant pas tout chasser de la mémoire. Malheur à qui oublie les maux ! Celui-là se perd, car il ne cherche pas les remèdes !

Un ménage ne peut être complètement heureux que lorsque chacun des conjoints goûte dans l'alcôve les apaisements naturels auxquels il est en droit de s'attendre et qui sont la principale raison d'être de l'union nuptiale. Dans l'instant suprême, les jouissances de l'homme s'augmentent de celles dont témoigne la femme ; l'amour s'accroît en raison des plaisirs éprouvés l'un par l'autre ; dans les conditions les plus favorables, le spasme final qui couronne l'union sexuelle doit se produire simultanément, ou presque au même moment, chez les deux êtres embrassés.

Malheureusement, l'émotion génitale n'a pas toujours lieu chez la femme, celle-ci étant plus longue que l'homme à parvenir à la volupté sexuelle, le plus souvent aussi par la faute de ce dernier, l'érection du clitoris, — qui seule a le pouvoir de provoquer l'orgasme de l'appareil génital féminin — ne se produisant pas. Ce n'est qu'une fois en contact avec la verge, par les frictions que le clitoris en reçoit, que le spasme terminal peut avoir lieu chez la femme. Si l'inassouvissement génésique de l'épouse dérive d'une constitution très froide au point de vue des sensations sexuelles, le mari devra, pour mettre sa femme au diapason voulu, recourir aux caresses et jeux de l'amour, qui sont assez variés pour permettre à celui qui sait les employer d'en tirer un grand parti. Cette source d'excitation, surtout le toucher et la titillation du clitoris, allume de façon presque irrésistible le sens génital féminin. Pour provoquer les désirs, on peut agir aussi sur l'imagination par une littérature légère, les gravures, les spectacles, etc. Quant au mari, s'il est nécessaire qu'il calme momentanément ses ardeurs, il le fera, avant de se mettre au lit, par des affusions d'eau fraîche sur les organes sexuels.

Les plus petits détails ont leur importance dans la vie commune ; quelques conseils à cet égard ne seront pas superflus. D'abord, en ce qui concerne les rapprochements sexuels, ceux-ci peuvent devenir une cause de souffrance ou de déplaisir si les organes des deux conjoints sont de proportion anormale : ce sera le cas d'une femme dont le vagin serait peu profond, mariée à un homme dont le pénis serait très développé ; celui-ci remédiera à cet inconvénient en employant un anneau de caoutchouc, assez gros, formant bourrelet, qu'il placera avant le coït à la base de la verge, de façon à diminuer la longueur de la partie pénétrant dans l'organe féminin. Si c'est le contraire qui a lieu, soit par suite de la gracilité de la verge, soit en raison de la largeur exceptionnelle du canal vaginal, la femme pourra ramener celui-ci à une proportion normale en prenant quelques injections d'eau additionnée de tanin ou d'alun, suivant les indications du Dr Debay, mentionnées plus haut. Une application plus étroite sur la verge, lors du coït, sera aussi obtenue par une excitation génitale complète de la femme.

Enfin, l'intimité continue qui, par l'effet de la vie commune, conduit souvent les époux, vis-à-vis l'un de l'autre, à un sans-gêne exagéré, est la cause de regrettables malhabiletés à l'égard de l'homme comme de la femme. Laissez-moi vous dire, ô lecteur, et à vous surtout, ô charmante lectrice, que le jour où le mari pense : « Ce n'est que ma femme », et la femme : « Ce n'est que mon mari », l'amour fait ses malles et, adieu, Cupidon, il est fort probable qu'il ne reviendra plus. Les époux devront donc, avec le plus grand soin, éviter les situations et les attitudes trop libres ou désavantageuses pour l'un comme pour l'autre, en gardant toujours une grande retenue, car ces situations dépourvues de toute poésie tuent le désir amoureux. Et, sous prétexte que, suivant la légende, l'homme heureux n'avait pas de chemise, n'abusez pas du costume d'Adam et d'Eve. Que les conjoints, en se laissant rarement voir l'un par l'autre en semblable tenue, conservent toujours à ce spectacle sa saveur piquante, pimentée du charme de l'imprévu !

L'acte d'amour.

La Nature a été généreuse envers la race humaine ; elle n'a pas limité ses instincts génitaux et la faculté de les satisfaire à une saison déterminée ; l'homme et la femme peuvent s'unir en tout temps.

L'acte d'amour, qui réalise cette union, appelé copulation ou coït, est triple, ou pour mieux dire, comprend trois phénomènes successifs : 1° l'érection ; 2° l'accouplement, au cours duquel la turgescence sanguine de l'organe viril permet son introduction dans les parties sexuelles de la femme ; 3° l'éjaculation.

L'érection est portée à son plus haut point par l'impression délicieuse que la verge fait ressentir en pénétrant dans l'organe féminin. Alors, les sensations voluptueuses affluent au cerveau, convergeant des papilles nerveuses situées à tous les points de contact des deux êtres. Quand ces sensations ont atteint leur summum, le fluide fécondant est lancé avec force en jets saccadés, par une série de mouvements musculaires spasmodiques. On croit généralement qu'il se produit chez la femme une éjaculation analogue à celle de l'homme, mais cela est impossible. On constate seulement que, chez certaines femmes, sous l'impression d'un très vif désir ou d'une forte sensation voluptueuse, le liquide sécrété par les glandes qui s'ouvrent sur les grandes lèvres s'échappe en assez grande abondance pour laisser supposer, jusqu'à un certain point, une éjaculation féminine.

Lorsque, d'un tendre accord, les deux époux ont résolu d'être l'un à l'autre, une douce et puissante émotion s'empare d'eux ; les cœurs battent précipitamment, les yeux brillent d'un éclat inaccoutumé, la pensée de leur bonheur commun emplit tout entière leur esprit et fait rayonner leur visage. Une confiance absolue en leur affection mutuelle, une agréable sérénité, comblent leur joie de s'aimer. Ils s'enlacent tendrement, pris d'une passion fiévreuse, se baignant d'une pluie de baisers, tièdes comme les gouttes d'eau d'une averse d'été, partout, sur les lèvres, les seins, les flancs. Les caresses des mains qui rencontrent des formes souples et arrondies, le contact exquis des chairs frémissantes, précipitent leur émoi ; sensuellement attirés l'un vers l'autre et ivres de félicité sous leurs chauds embrassements, ils s'abandonnent, glissant lentement à la possession suprême.

Les paupières fermées, la respiration haletante, les deux êtres s'absorbent l'un en l'autre, avec un infini plaisir. Dans le désarroi du bonheur, la pensée disparaît, laissant place à une sensation d'anéantissement voluptueux...

Peu à peu, l'acte troublant et mystérieux d'amour accompli, les guérissant de l'anxiété intolérable qui leur était presque une souffrance, le plaisir s'apaise, les sens redeviennent plus nets. Un sentiment d'orgueil et de reconnaissance pénètre l'âme des deux époux ; une plénitude d'existence vivifie leur corps, le sang circule régulièrement, et une douce sensation de repos succède au paroxysme de la jouissance. En obéissant à l'appel de la nature, ils ont trouvé le but de leur union, dans la sérénité et le bonheur.

La fécondation.

Le lecteur se souvient du nombre prodigieux de spermatozoïdes contenus dans une émission de sperme. La plus grande partie de ce liquide projeté dans le vagin et sur le col de l'utérus, lors de la copulation, s'écoule au dehors, mais il suffit qu'une gouttelette minuscule pénètre dans la matrice qui, au moment du spasme de plaisir, l'aspire par une sorte de happement, surtout chez la femme voluptueuse, pour que des milliers et des milliers de spermatozoïdes se dirigent de suite de tous côtés, progressant avec toute la vitesse dont ils sont capables, à la recherche d'un ovule féminin.

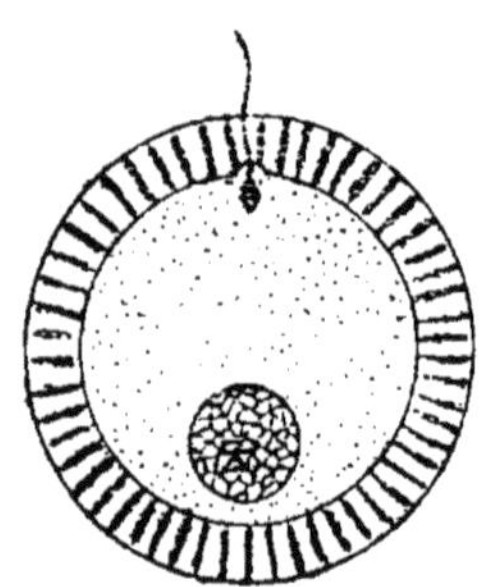

FÉCONDATION DE L'OVULE PAR UN SPERMATOZOIDE
(considérablement agrandi)

Si la rencontre a lieu, un de ces animalcules entoure l'ovule et le pénètre en un certain point appelé cône d'attraction. La tête, partie essentielle du spermatozoïde, s'unit au noyau germinatif ; les deux éléments, mâle et femelle, se confondent, et le développement de l'embryon humain entre alors en activité. C'est là le phénomène de la fécondation.

Cet ovule, au lieu d'être éliminé des organes féminins, comme tous les ovules non fécondés, acquiert une énergie de résistance incomparable ; il se fixe solidement à la muqueuse de l'utérus et produit des cellules qui, en se multipliant, constituent les matériaux premiers de l'être créé. La parcelle d'albumine qui forme l'œuf féminin va devenir un être destiné à penser, douter, aimer, haïr et souffrir.

La fécondation n'a pas lieu à des époques précises et déterminées ; toutefois le moment le plus certain pour celle-ci commence avec l'apparition des règles et finit quelques jours après leur cessation ; mais ce principe général présente de si fréquentes exceptions qu'il est impossible de le prendre en considération, et bien des femmes sont susceptibles d'être fécondées en tout temps.

L'ancienne croyance qu'il suffit, pour éviter la grossesse, de ne se livrer à l'acte sexuel que pendant deux semaines à partir de la cessation des règles, repose sur une erreur. Si même ce fait peut se confirmer une fois ou l'autre, il vaut mieux ne pas s'y fier, par prudence, car d'après quelques savants, des ovules mûrs peuvent se détacher à toute époque ; on peut admettre aussi que l'œuf de la dernière menstrue, non expulsé, est fécondé ultérieurement, ou que la semence se conserve longtemps en état fécondatif, dans les trompes et sur les ovaires, jusqu'à la prochaine décharge d'ovules. (Hermann).

Les signes de la grossesse.

Les femmes déterminent ordinairement l'époque de la conception par celle de la cessation des règles, mais il arrive assez fréquemment que la prolongation de l'écoulement menstruel induit en erreur sur l'époque réelle du commencement de la gestation. Il est aussi des femmes qui conçoivent avant d'être réglées, comme d'autres, mais le cas est exceptionnel, qui deviennent plusieurs fois enceintes sans avoir jamais été réglées.

Les caractères qui révèlent la grossesse à son début, caractères communs à toutes les femmes, sont les malaises, frissons, lassitude, vertiges, bouffées de chaleur, dégoûts, vomissements, désirs bizarres. L'appétit est dévorant chez des femmes qui mangeaient peu, tandis qu'il peut disparaître complètement chez celles qui mangeaient beaucoup. Elles deviennent plus nerveuses et plus excitables.

Les seins se gonflent et les mamelons se rembrunissent. La peau se fonce, surtout celle du visage. Sur le ventre apparaissent des lignes vergées à reflets bleuâtres. Cependant le diagnostic de la grossesse est extrêmement incertain dans certains cas, pendant les quatre premiers mois ; c'est seulement vers le quatrième mois que les mouvements du fœtus, d'abord perçus par la mère, peuvent être reconnus par une main étrangère, et vers le cinquième mois de la grossesse que les pulsations du cœur peuvent être reconnues et comptées par un médecin.

La grossesse.

La grossesse est l'état de la femme depuis la conception ou fécondation jusqu'à l'expulsion du produit de la conception. Sa durée est approximativement de neuf mois ou deux cent soixante-dix jours. Pendant les trois premiers mois de la grossesse, l'être humain est désigné sous le nom d'**embryon,** et pendant les six derniers mois, sous celui de **fœtus.**

Quatre semaines après la conception, l'embryon mesure déjà un centimètre, mais n'a pas encore forme humaine. Pendant le second mois, son accroissement se fait très rapidement ; il atteint la grosseur d'un œuf de poule. On remarque des points à l'emplacement des yeux, une fente qui sera la bouche, des ouvertures qui seront le nez et les oreilles. Les caractères sexuels deviennent tout à fait visibles au quatrième mois ; le fœtus pèse alors 175 grammes environ.

Au sixième mois, les cheveux et les ongles ont apparu ; la tête est grosse comme le quart du corps pris dans son ensemble ; le fœtus n'est pas encore viable. Le huitième mois, sa longueur est de quarante-huit centimètres, son poids de 1.700 à 2.000 grammes ; il est viable. Enfin, au neuvième mois, l'enfant pèse de 2 à 3 kilos et se trouve formé pour l'existence.

La femme enceinte doit, de bonne heure, consulter un médecin ou une sage-femme instruite. Le simple bon sens indique que la santé de la mère fait la santé du fœtus, dont l'existence dépend souvent des soins pris durant la grossesse. Le grand air est indispensable à la femme enceinte, l'exercice l'est autant, tout en évitant la fatigue.

On proscrira impitoyablement le corset ; les vêtements devront être amples et soutenus par les épaules, sans serrer ; les jarretières et les chaussures devront être lâches. Pour l'alimentation, ce qui plaît est le meilleur ; il faut surtout combattre la constipation ; remédier aux nausées et envies de vomir en buvant de l'eau de Seltz, de l'eau de mélisse ou des boissons glacées. Eviter les chutes, les vives impressions morales, les chagrins, les inquiétudes.

L'accouchement.

A la fin de la grossesse, si la femme a déjà eu plusieurs enfants ou si ses organes se trouvent dans une situation normale, la position du fœtus se modifie quelque peu, et l'on dit de la femme que son ventre tombe. L'effet naturel de cet affaissement est de procurer à celle-ci un réel bien-être : la respiration devient libre, la digestion plus aisée, les envies d'uriner plus faciles à satisfaire.

Lorsque la femme ressent les signes avant-coureurs de la délivrance, on doit s'occuper sans délai de préparer tout ce qui est nécessaire : linge, eau chaude, cuvettes, etc. On installe, dans une pièce vaste et bien aérée, un lit de sangle distinct, si cela se peut, de celui où la femme passera la suite de ses couches. Sur ce lit sera placé un matelas un peu dur recouvert d'une toile imperméable et de draps pliés en quatre, disposés pour pouvoir être enlevés facilement.

L'accouchement est dû aux contractions de l'utérus et aux efforts de l'accouchée, c'est ce qu'on dénomme le **travail.** Le début s'annonce par des douleurs qui arrivent à des intervalles assez éloignés et sont appelées mouches ; ensuite viennent les grandes douleurs, qui se font sentir dans les reins, le ventre et tout le périnée. La rupture de la poche des eaux a lieu ensuite, suivie de l'expulsion de l'enfant.

Après l'accouchement, il faut veiller aux soins de propreté, laisser reposer l'accouchée, qui doit rester dans la position horizontale pendant les huit premiers jours qui suivent. La femme en couches ne doit prendre que des aliments de digestion facile, du bouillon ou du vin chaud.

L'âge a une influence considérable sur la durée de l'accouchement. Une femme jeune et vigoureuse sera moins longue à être **délivrée** qu'une femme âgée et déjà faible, de même qu'une femme habituée aux durs travaux souffrira moins et moins longtemps qu'une femmelette accoutumée à se dorloter et à rester oisive.

Sur l'avortement.

L'avortement est l'expulsion du produit de la conception à un moment où le fœtus n'est pas encore viable, c'est-à-dire avant la fin du septième mois de la vie intra-utérine. Vulgairement, on appelle souvent l'avortement : fausse couche ou blessure.

Relativement à sa nature, l'avortement est dit **spontané** s'il se produit par suite d'un état morbide de la mère ou d'une maladie de l'œuf. Les causes qui le provoquent le plus ordinairement sont, outre le tempérament particulier de la femme, les chutes, les coups, les commotions violentes, le grand froid, les vêtements trop serrés, les affections morales. La femme enceinte devra donc s'appliquer à les éviter. L'accident une fois arrivé, il faut, en attendant le médecin, que la femme se mette au lit et observe un repos absolu.

L'avortement **provoqué** est celui qui est produit volontairement, soit dans un but médical, soit dans un but coupable. Dans ce dernier cas, il est considéré par la loi comme un crime et puni de la réclusion, dont sont passibles aussi bien la femme qui se sera fait avorter que la personne qui aura provoqué l'avortement, par des breuvages, médicaments ou manœuvres quelconques.

Je n'exposerai pas ici les divers arguments, si souvent présentés, pour ou contre le droit de supprimer un embryon humain, le but que je me suis assigné dans cette étude ne permettant pas cette controverse. Imitant de Conrart le silence prudent, je n'entrerai pas davantage dans le domaine de la médecine en donnant à ce sujet des indications qu'on trouvera d'ailleurs dans de nombreux traités spéciaux.

Au surplus, pour les personnes non versées dans la science médicale, les moyens de procurer l'expulsion de l'embryon sont peu sûrs et gros de périls, et on estime généralement qu'il faudrait qu'une loi autorisât les médecins à effectuer cette opération dans les cas exceptionnels d'incapacité de gestation, de tares héréditaires, de séduction de mineure, de viol, d'inceste, etc...

Mais il faut ajouter que pouvant presque toujours prévenir le mal à son origine par les simples moyens préventifs et scientifiques que les praticiens nous ont mis à même de connaître, de telles opérations n'ont plus de raison d'être et devraient disparaître au lieu de se pratiquer clandestinement, comme cela a lieu encore aujourd'hui, au grand détriment de la santé et même au risque de la vie de la femme. On dira, certes, que des abus se produiront, mais il y en a partout dans nos institutions, et en voulant éviter un mal, nous en créons généralement un autre.

A proprement parler, il n'existe aucune substance abortive, c'est-à-dire capable de provoquer l'avortement sans produire des troubles généraux, souvent graves, quelquefois mortels, et, en somme, un véritable empoisonnement ; parmi les substances de cette catégorie, on range l'ergot de seigle ou l'ergotine et l'ergotinine, qui provoquent des contractions utérines violentes, l'iodure de potassium, la rue, etc... ; elles exposent toutes celles qui en font usage à de graves accidents et ne peuvent provoquer l'avortement qu'aux femmes prédisposées.

Les personnes qui se livrent à la pratique des avortements le font par des opérations plus ou moins simples, pratiquées sur l'utérus, pour obtenir le décollement de l'œuf ou la perforation des membranes fœtales, mais les femmes n'y ont généralement recours qu'après avoir inutilement essayé les substances indiquées plus haut. L'opération est faite presque toujours avec un instrument qui n'a rien de chirurgical : aiguilles à tricoter, tringles de rideaux, fuseaux, etc., les gens qui s'en servent ne voulant pas, par prudence, employer d'instruments spéciaux dont la possession serait compromettante.

Dans la plupart des cas, la femme éprouve, au moment de l'opération ou peu d'instants après, une vive douleur, soit dans les reins, soit dans un point de l'abdomen. Une hémorragie plus ou moins abondante survient presque immédiatement, des nausées, vomissements, et l'expulsion peut avoir lieu dans un temps compris entre treize heures et six jours. Fréquemment aussi, on emploie l'injection intra-utérine, comme l'indique le Professeur Tardieu, dans son « *Etude médico-légale sur l'avortement* ».

La médecine use, légitimement, dans certains cas où il y va de la vie pour la femme enceinte (étroitesse du bassin, vomissements incoercibles, tuberculose, maladie organique du cœur, etc.), de procédés certains, qui sont presque toujours sans danger quand ils sont mis en œuvre conformément aux règles de l'art. L'avortement thérapeutique est généralement pratiqué par la dilatation du col, soit lentement au moyen de laminaires, d'éponges préparées, soit plus rapidement au moyen d'écarteurs ou de ballons dilatables introduits dans le col de l'utérus. L'avortement provoqué pour cause de rétrécissement du bassin devient de moins en moins fréquent, bien qu'en dépit des progrès de la chirurgie, la symphyséotomie, qui a remplacé l'opération césarienne, voue encore à la mort une femme sur dix.

DEUXIÈME PARTIE

Liberté de la Maternité

et procréation rationnelle

Si la nature a destiné les rapports sexuels à la reproduction de l'espèce, peu de femmes cependant pourraient enfanter sans interruption, je veux dire sans autre intervalle que celui de la grossesse et de l'allaitement. Les époux, même les plus robustes, doivent donc, pour le moins, laisser quelque intervalle entre une conception et une autre, et pouvoir alors s'abandonner aux enivrements de l'hymen sans que la grossesse s'ensuive.

On conviendra, je pense, sans nulle difficulté, que le souci le plus grand pour l'homme et la femme qui s'unissent, par le mariage ou autrement, est la naissance et l'éducation de leurs enfants et que le plus grand mal qui puisse frapper les travailleurs, les gens à petits revenus, à santé précaire, est d'avoir plus d'enfants qu'ils n'en peuvent convenablement nourrir et élever dans les conditions où ils se trouvent placés.

Une famille disposant d'un salaire ou de ressources très

modestes se trouve inéluctablement dans la nécessité de prendre ses précautions en conséquence. Le père doit savoir si ses moyens lui permettent d'élever un, deux, ou trois enfants, et s'il ne s'en rend pas compte, il le constatera bien vite en voyant les dépenses du ménage grossir d'année en année, avec chaque enfant, pour le logement, la nourriture, les vêtements, etc.

D'autre part, on admettra qu'une femme puisse être maîtresse absolue de son corps, qu'elle ait le droit de ne pas avoir d'enfant contre sa volonté, si elle juge qu'elle est dans l'impossibilité d'en élever, et elle doit avoir non seulement ce droit, mais encore la puissance et la science de n'être mère qu'à son gré. Si elle estime que sa santé, sa situation matérielle, ou d'autres circonstances, ne lui permettent pas ou ne lui permettent plus d'avoir un enfant dans de bonnes conditions de naissance, de lui donner les soins de toute nature et l'éducation attentive dont il aura besoin, elle a le droit et le devoir de s'abstenir d'être mère.

Elle agira sagement encore, en choisissant, pour **avoir un** enfant, l'époque où elle, aussi bien que son conjoint, se trouvent dans les meilleures conditions possibles de **santé,** de **bien-être** et de **sécurité.**

La maternité doit être consciemment voulue. Créer un nouvel être ne devrait jamais résulter d'un hasard, et à plus forte raison d'un hasard malheureux, ou considéré comme tel. Combien cependant choisissent leur heure pour procréer et le font dans la pleine conscience de leur acte avec tout le recueillement que comporte une aussi sainte fonction ?

Il est aussi un triste spectacle que l'on observe fréquemment dans les familles pauvres accablées d'enfants, sur lequel il convient de retenir l'attention, et qui résulte des privations incessantes que ces familles doivent subir : c'est la santé ruinée de la mère et parfois sa mort prématurée, sans parler de l'état de surmenage du père, des maladies et dommages de toute nature auxquels il est souvent exposé, à cause de ses excès de travail pour nourrir sa nombreuse famille.

Sous le titre prometteur : *Faites des Enfants*, on pouvait lire ces lignes de M. Victor Snell, dans l'*Humanité* du 11 avril 1912 :

« Il faudrait que ce qui s'est passé mardi rue Mouraud fût imprimé en lettres grasses et affiché à la porte de toutes les mairies de France, à côté des extraits du *Journal officiel*.

« Les populations urbaines et rurales apprendraient — si elles ne le savent déjà — ce qu'il en coûte aujourd'hui de suivre trop aveuglément les conseils des « économistes distingués » qui leur recommandent de faire des enfants.

« On connaît les faits : Une famille expulsée de son logement se trouvait sans asile ; elle dut se réfugier sous un hangar « obligeamment mis à sa disposition » et un des enfants, malade de la rougeole, mourut d'avoir été exposé au froid.

« C'est très simple comme on voit. C'est simple comme la vie et comme la mort !

« Or, voici en quoi réside l'enseignement qu'il faudrait porter à la connaissance de tous, ce n'est pas que la famille ait été expulsée de son logement (on a dit qu'elle avait elle-même donné son congé et il est possible que tel ait été le cas), ce qu'il faut qu'on sache, ce qui est monstrueux, c'est que voulant, en effet, quitter son logement, ayant de quoi payer son loyer, M. P... n'ait pu le faire, parce que partout *on refusa de lui louer en raison du nombre de ses enfants.*

« Voilà l'infamie, voilà le crime. Infamie juridique, crime légal. Impunissables l'un et l'autre, et impunis.

« Bonnes gens qui lisez les déclamations vibrantes et patriotiques de ceux qui vous enjoignent de faire des enfants et avec d'autant plus de conviction qu'ils n'en font pas eux-mêmes, apprenez que M. P... s'en est allé *l'argent à la main*, dans une dizaine, dans une vingtaine d'immeubles pour y louer un

5

logement, et que de partout il fut repoussé *parce qu'il avait six enfants !*

« Six enfants, c'est trop au gré de messieurs les propriétaires, bons Français naturellement et patriotes. Six enfants ! fi donc, ma chère ! Y pensez-vous ?... Des gens qui font six enfants peut-on, même contre argent, loger cela chez soi ?...

« Six enfants !... M. P... n'en a plus que cinq, puisque l'un vient de mourir — assassiné. Mais c'est encore trop ! La rougeole aidant et le froid continuant, il en perdra peut-être encore deux. Alors, on pourra voir : et peut-être propriétaires et concierges l'admettront-ils enfin...

« Plusieurs fois déjà, il m'a été donné de dire ici, combien il me paraissait difficile d'avoir une opinion sur la question néo-malthusienne : mais ce que je sais bien, c'est qu'il faut avoir un fier toupet pour conseiller aux gens qui n'ont pas une maison à eux de faire des enfants ! »

Je me garderai d'affaiblir de commentaires la portée de cet article qui n'expose cependant qu'une des faces d'une question complexe ; c'est l'épisode douloureux d'une journée seulement du calvaire sans fin de ces milliers de malheureux courant par les rues des grandes villes, au jour du terme, derrière leurs pauvres hardes entassées sur une charrette à bras, et parfois ainsi recueillis dans quelque recoin inhabitable d'un abri quelconque !

Moins d'enfants à la maison, non seulement cela assure et prolonge la vie des parents, mais cela la rend plus agréable, plus confortable, plus joyeuse, et permet de donner à ceux qui sont déjà au monde tous les soins qui leur sont indispensables. Que de raisons pour que les parents envisagent sérieusement la question de la procréation !

Comment qualifier ceux qui se sachant gravement malades ou incapables d'élever leur progéniture et ne s'illusionnant pas sur les conséquences de leur acte mettent au monde de pauvres créatures destinées à souffrir toute leur vie en maudissant leurs parents ou leur destinée ? Et, disons plus, quel droit les personnes pauvres, incapables de pourvoir aux besoins multiples des enfants, ont-elles d'en mettre au monde, surtout en trop grand nombre ? Il existe un sentiment de responsabilité envers les enfants, et les parents devraient se rendre compte qu'il viendra un jour où ils seront jugés par les leurs.

Le philosophe Condorcet a écrit, il y a plus d'un siècle, que les hommes comprendront que s'ils ont des obligations envers des êtres qui n'existent pas encore, elles ne consistent pas à leur donner l'existence, mais le bonheur. Le nombre est déjà grand de ceux qui pensent que la société a maintenant le droit d'exiger, lorsqu'on appelle à la vie de nouvelles créatures humaines, qu'on en prenne soin et qu'on en fasse des êtres d'une certaine valeur, capables de devenir des citoyens utiles et heureux, et non de grossir l'armée des déclassés et des parias.

Dans son livre : « *De l'Amour et du Mariage* », (*) Mlle Ellen Key s'exprime ainsi : « Nous n'avons pas besoin de montrer longuement ici que le développement des heureuses dispositions des enfants, le bonheur de leurs jeunes années, leur valeur future, dépend en majeure partie de leur éducation à un heureux foyer et de l'entente affectueuse de leurs parents. Tout le monde sait que les enfants de ces familles ont reçu de naissance un optimisme, une vigueur, un courage et une gaîté que nulle adversité ne saurait abattre complètement plus tard. La chaleur ensoleillée qu'ils ont emmagasinée fait que dans les hivers rigoureux, ils ne gèleront pas. Ceux, au contraire, qui ont commencé la vie par le froid ne pourront se réchauffer en été.

« Un condamné à mort à qui sa mère demandait un jour : « Quel mal t'avons-nous fait pour que tu nous chagrines ainsi ? », lui répondit :

(*) Ernest Flammarion, éditeur. Paris.

« Et vous, quel bien m'avez-vous fait ? »

C'est une phrase, ajoute Mlle Ellen Key, que bien des parents devraient méditer et que répètent des milliers de lèvres. La presse s'effraie et s'indigne des crimes de nos bandits. Je l'approuve. Mais qu'est-ce qui forme l'*outlaw*, sinon la misère, l'abandon des enfants, sans appui, sans famille, au vrai sens du mot, dans un mauvais milieu social ?

Si l'on envisage enfin la question sous une dernière face, on se rend compte que les femmes mariées ne sont que trop souvent exposées à une sorte de violence sexuelle de la part de leur mari, la plupart de ceux-ci considérant comme « leur droit » de pratiquer le coït quand il leur plaît, sans aucun égard pour la disposition dans laquelle leur femme se trouve, insouciance d'autant plus fatale qu'ils ne voient pas la nécessité de prévenir la grossesse quand la femme est maladive ou qu'il y a déjà trop d'enfants dans la maison.

« La femme d'un être grossier ou égoïste doit-elle donc être constamment à son service pour l'accomplissement de ce qu'on est convenu d'appeler « le devoir conjugal », par lequel il la contraint, insouciemment et sans égard pour sa santé, à devenir mère coup sur coup ? Là, comme lorsqu'il est nécessaire d'empêcher la grossesse pour éviter la mise au monde d'enfants maladifs ou chargés de tares héréditaires : ivrognerie, tuberculose, syphilis, etc., etc., c'est le plus souvent, vu la légèreté ou l'égoïsme du mari, à la femme que ce soin incombe ; il importe donc qu'elle soit au courant des moyens préventifs qu'elle peut employer elle-même, c'est-à-dire du pessaire ou de l'éponge, et de l'injection qui doit suivre son emploi. » (Docteur Nyström.) (**)

La connaissance des moyens préventifs rend le mariage possible aux jeunes gens auxquels des ressources trop modestes ne permettraient pas la fondation d'une famille ; grâce à eux, les époux peuvent à l'avance fixer la date de la naissance

(**) « La Vie Sexuelle et ses lois », Vigot frères, édit., Paris.

de l'enfant qu'ils désirent procréer, qui sera choisie à une époque où elle ne soit dangereuse ni pour le nouveau-né, ni pour la mère.

Le Dr Paul Robin conseille aux femmes de restes seules arbitres de leur destinée, de savoir vouloir et agir de façon à jouir immédiatement de deux biens qui se complètent : liberté de la maternité, condition indispensable de la liberté de l'amour. Elles détruiront ainsi à jamais, de la seule manière efficace, l'esclavage féminin : la prostitution.

Outre les misères qu'il supprimerait, le système de la procréation rationnelle, sagement appliqué, amènerait sans contredit une amélioration dans les mœurs. Mais dans ce domaine, il est difficile de donner des preuves tangibles, car malheureusement les questions de morale ne se pèsent pas avec des balances et ne s'analysent pas chimiquement ; leur résultat ne peut s'additionner, ni se soustraire, il n'est visible qu'à ceux qui voient et n'est compris que par ceux qui entendent.

Peut-on sans inconvénient éluder la grossesse ?

Le Dr Lutaud a calculé que sur 1.800 ménages de médecins parisiens, on comptait en moyenne un enfant et demi par ménage. C'est démontrer clairement que parmi eux la restriction est parfaitement pratiquée. Cependant, les médecins sont absolument à même de juger ce qui est nuisible à la santé ; ils ne mettraient pas en pratique des mesures pouvant être la cause de maladies ou abrégeant leur existence, à eux et à leurs femmes.

Le Dr Nyström écrit : « Il a été impossible de prouver que l'emploi des moyens préventifs de la grossesse puisse avoir quelque influence fâcheuse sur les relations entre le mari et la femme, comme quelques-uns l'ont prétendu. Il est inadmissible aussi qu'un mari qui aime sa femme et qui a convenu avec elle de limiter le nombre de leurs enfants puisse éprouver du mauvais vouloir ou de l'aversion pour elle parce qu'elle fait usage de moyens préventifs.

« Le condom, le pessaire occlusif, l'éponge et les suppositoires anticonceptionnels qui, outre les injections, sont les moyens préventifs ordinaires, n'empêchent en aucune façon l'exercice du coït. J'ajouterai seulement que si on les trouve le moins du monde incommodes, on apprend en très peu de temps à les employer de façon à ce qu'ils cessent absolument de l'être. Ce qu'il y a de certain, c'est que, seul, le coït interrompu est, de tous les moyens, le moins naturel et le seul préventif qui soit préjudiciable à la santé. »

Les physiologistes n'ont vu, d'autre part, aucune conséquence nuisible à ce que l'utérus ne reçoive pas le jet de sperme pendant le coït.

Moyens préventifs

à employer par l'homme

Le coït interrompu.

On aura déjà parfaitement compris que pour que le coït demeure sans conséquence, il est nécessaire que le sperme fécondant de l'homme ne puisse pénétrer dans le col de la matrice, soit en mettant obstacle à son arrivée jusqu'à celle-ci par un moyen quelconque, soit en annihilant la vitalité des spermatozoaires par un ingrédient chimique.

Le procédé le plus primitif, très souvent employé, est le **retrait,** dénommé aussi **coït interrompu**, qui ne demande aucun préparatif. Lorsque l'homme sent venir l'éjaculation, il retire en hâte la verge du canal vaginal et laisse échapper le liquide spermatique loin des parties sexuelles de la femme. Cette pratique est fort désagréable, entrave notablement la volupté et détermine un ébranlement nerveux très fâcheux, par l'effort de volonté qu'elle exige de l'homme pendant l'acte. Le retrait donne même lieu au développement de symptômes neurasthéniques et on ne peut supporter impunément plusieurs années de suite cet ébranlement nerveux.

L'homme doit surtout veiller à ne pas se retirer trop tard,

ni à répéter le coït sans avoir uriné et s'être bien lavé la verge, une gouttelette de sperme reportée dans le vagin pouvant suffire, dans certains cas, pour produire la conception.

Le procédé suivant est moins pénible que le retrait complet : un instant avant l'éjaculation, la femme resserre les jambes, tandis que l'homme écarte les siennes, ce qui éloigne le membre viril du fond du vagin. La semence ne se trouve ainsi projetée qu'à l'entrée de celui-ci ; une injection immédiate est alors nécessaire pour le lavage de l'organe féminin.

Les autres moyens qui vont être indiqués exigent de l'attention, des soins, de la propreté, mais offrent une certaine sécurité de non-fécondation, et peuvent être mis en pratique par l'homme, d'un côté, ou par la femme, de l'autre, même à l'insu de son conjoint.

Par l'un de ces moyens, ou par l'emploi simultané de deux de certains d'entre eux, on peut presque affirmer que, sans enlever ni à l'un ni à l'autre des époux la sensation de plaisir, la femme devient maîtresse de sa fonction génitrice et qu'elle ne conçoit que lorsqu'elle le veut, en séparant les voluptés de l'amour des dangers de l'accouchement et des charges qu'elle doit assumer pour élever un enfant.

Le condom et son emploi.

Le **condom**, appelé encore capote anglaise, ou simplement « préservatif », est une sorte de tube cylindrique, de caoutchouc très fin ou de baudruche, fermé à l'une de ses extrémités, que l'on place sur la verge, de façon à la recouvrir entièrement. Se sentant à peine, il n'exerce aucune pression, ne cause aucune gêne, et ne diminue que légèrement le plaisir du coït.

Il n'y a que peu de risque de le voir se déchirer, s'il est
choisi de bonne qualité, ce qu'il est préférable de faire en le payant un prix raisonnable;
d'ailleurs, un préservatif de **caoutchouc** de
bonne qualité sert plusieurs fois. Les meilleurs condoms sont d'épaisseur moyenne ;
très mince, le caoutchouc se rompt avec faci-

CONDOM ENROULÉ.

lité ; trop fort, la sensation de plaisir disparaîtrait presque
complètement. On les conserve à l'abri de la chaleur, du froid
et de la lumière, agents qui altèrent le caoutchouc ; on doit
avoir soin de ne jamais les mettre en contact avec des substances grasses, vaseline, huile, etc., ou de l'acide phénique.
Lorsqu'ils sont de vieille fabrication, ils perdent toute soli-
dité.

Avant d'employer un préservatif, on vérifiera s'il est en bon
état et non percé, en le remplissant d'eau. On le déroule sur
la verge en érection, avant le rapport sexuel, en ayant soin
de laisser à l'extrémité, en avant du gland, un petit espace
libre destiné à recevoir le sperme lors de l'éjaculation. Il est
d'ailleurs fabriqué un article portant un petit renflement au
bout, servant de poche pour le liquide spermatique.

Après usage, on lave le condom avec de l'eau et du savon,
ou avec un antiseptique autre que l'acide phénique, et on l'es-
suie en le tamponnant. Puis, on le saupoudre de poudre de
talc, ou mieux, de poudre de lycopode, à l'intérieur et à l'extérieur, et on l'enroule comme il se trouvait avant son emploi,
en le tenant enfilé sur deux doigts ou sur un petit mandrin,
pour le dérouler lors d'un nouvel usage.

Les condoms en **baudruche** sont fabriqués avec une certaine
partie de l'intestin des moutons ; le cæcum. Ils sont plus résis-
tants que ceux de caoutchouc, mais coûtent plus cher et
deviennent durs après un usage répété ; non élastiques, ils ne
s'enroulent pas. Il faut choisir une taille appropriée, suffisamment ample, car, mouillée, la baudruche rétrécit beaucoup.

Préalablement à l'emploi, tremper le préservatif de baudruche dans l'eau tiède, s'assurer qu'il n'est pas troué ; comme il est habituellement fort long, le couper à la longueur voulue. On introduit la verge en état d'érection, et la baudruche adhère à la peau comme le ferait une feuille de papier de soie mouillée.

Le capuchon ou bout américain.

C'est un préservatif de caoutchouc qui recouvre seulement l'extrémité de la verge, n'en coiffant que le gland et formant ainsi une sorte de réservoir qui reçoit le sperme. Un rebord élastique qui vient se placer dans le col de la verge le maintient en place.

Pour remplir son but, il doit presser légèrement la verge non en érection. S'il serrait trop, on l'humecterait d'eau tiède, ce qui détendrait l'anneau de caoutchouc. L'avantage de cet appareil est de laisser libre une grande partie de l'organe, mais il présente le gros inconvénient d'être susceptible de se retirer pendant le coït ou, au contraire, de serrer parfois excessivement le col de la verge, causant ainsi une sensation fort pénible.

Les soins à prendre pour la conservation du capuchon sont les mêmes que pour le condom, mais on ne l'enroule pas.

Moyens préventifs

à employer par la femme

Dans ce chapitre, je décrirai d'abord les divers appareils fabriqués à l'usage de la femme, j'indiquerai les liquides employés le plus généralement pour les injections et je rappellerai ensuite les différents procédés combinés, qui ont été préconisés pour procurer à la femme une certitude aussi complète que possible de non-fécondation.

Ce qu'il importe de reconnaître.

Lorsque la femme, ayant enlevé son corset et tout vêtement gênant, s'accroupit de manière que la plante des pieds posant à terre, son derrière touche presque les talons, la matrice s'abaisse et peut être très facilement touchée du doigt. En introduisant le médius dans la cavité vaginale, on sent, en effet, au fond un petit renflement de consistance plus ferme que le vagin lui-même. C'est le col de la matrice, dont on peut faire le tour avec le doigt, de façon à en bien connaître l'emplacement. On sentira aussi, en avant, un os courbe, qui est l'os pubis.

C'est ce renflement que la femme doit coiffer aussi parfaitement que possible d'un pessaire, — si elle emploie ce moyen — pour éviter que le sperme ne puisse y parvenir.

Lorsqu'elle veut placer un pessaire, la femme doit donc prendre cette position accroupie, ou se coucher sur le dos, sans vêtement comprimant, les jambes relevées et écartées. Elle devra avoir les mains très propres, les ongles courts, pour éviter de s'écorcher, et avoir pris auparavant une injection de propreté.

Pessaire occlusif, ou pessaire Mensinga.

Le pessaire occlusif, imaginé par le Dr Mensinga, est une demi-sphère de caoutchouc mince, adaptée sur un anneau élastique, qu'on applique au fond du vagin, sur le col de la matrice. Un ruban est ordinairement fixé au pessaire pour faciliter son enlèvement du vagin.

Cet appareil ne donne aucune sensation désagréable et ne produit pas d'irritation. Pour le choix de la dimension convenable et l'apprentissage de la mise en place, il est préférable de demander les conseils d'un médecin ou d'une sage-femme, qui enseignera la manière de l'introduire et de le retirer. Je l'indique d'ailleurs ici.

PESSAIRE MENSINGA

Il faut mouiller le pessaire d'eau savonneuse (ou d'un mélange d'une partie de savon, 2 d'eau pure et 4 de glycérine) pour qu'il glisse plus aisément, puis le pincer en forme de 8, et non en angle aigu, afin de ne pas casser le ressort qu'il contient. La femme le pousse alors obliquement, de manière que la partie introduite la première se place derrière le col de la matrice et que la partie opposée vienne buter contre l'os pubis ; il importe peu que le côté convexe de la demi-sphère soit placé vers le haut ou vers le bas.

La femme sent ainsi le col utérin sous la feuille de caoutchouc ; en faisant quelques pas et quelques mouvements du corps, elle s'assure que l'appareil reste bien en place, ce qui doit avoir lieu si sa taille est bien appropriée à l'organe. S'il est trop petit, il ne protège pas suffisamment, et par contre, s'il est trop grand, il peut froisser la muqueuse et occasionner un sentiment de pression désagréable. Ce qui est essentiel pour qu'il protège efficacement, c'est que sa partie inférieure soit bien placée derrière l'orifice de la matrice.

Ces pessaires sont fabriqués en plusieurs dimensions, portant des numéros qui correspondent à leur diamètre en centimètres : c'est le plus grand numéro qui peut être introduit sans gêne qui donne le plus de sécurité. Les numéros 6 1/4, 6 1/2, 6 3/4 ou 7 conviendront aux femmes n'ayant eu que très peu de rapports sexuels ; ensuite, on peut essayer le 7 1/2, le 7 3/4 ou le 8, qui sont les plus grands. Remarquer que l'entrée des parties génitales peut être étroite et la cavité du vagin spacieuse. Il est essentiel qu'il n'existe aucun espace entre l'os pubis et le pessaire, même quand on essaie de pousser celui-ci en arrière ; si l'on constatait un intervalle, il faudrait essayer le numéro au-dessus.

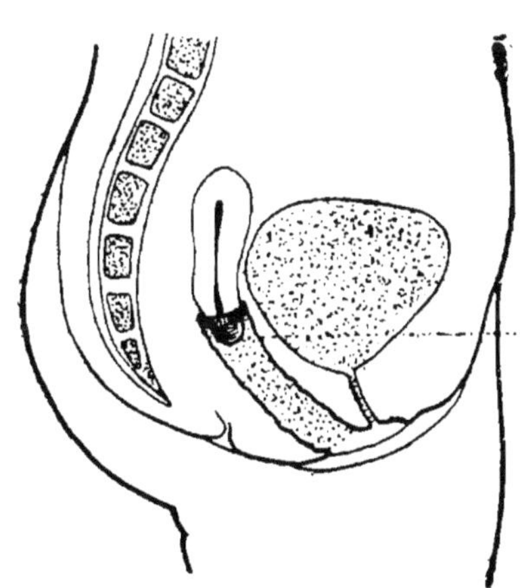

EMPLACEMENT QUE DOIT OCCUPER
LE PESSAIRE OU L'ÉPONGE.

Toutes ces conditions étant réalisées, le pessaire restant bien en place, malgré tout mouvement, l'occlusion de la matrice est assurée et l'obstacle est pour ainsi dire infranchissable pour les spermatozoaires. Pour retirer son pessaire, la femme introduit le médius entre celui-ci et la paroi du vagin ; elle dégage le bord qui se trouve en avant, en appuyant vers le bas, puis glissant l'extrémité du doigt dans l'appareil, elle tire doucement au dehors. Le ruban qu'on aura laissé pendre hors de la vulve permet un enlèvement plus facile.

Le même pessaire peut être conservé en parfait état pendant un an ou deux.

Pessaire à capuchon, ou pessaire à fond.

Celui-ci est formé d'un anneau de caoutchouc, creux ou plein, coiffé d'une membrane très souple, également de caoutchouc, et ressemble quelque peu à une clochette. Il est ordinairement muni aussi d'un ruban pour aider à le retirer.

Lorsqu'elle veut le placer, la femme prend la position indiquée plus haut, mouille le pessaire d'eau de savon ou d'une crême onctueuse, et, appuyant sur la calotte, le pousse du doigt dans le canal vaginal jusqu'au col de la matrice, en pressant bien sur les bords, de façon à ce que le renflement de l'organe s'adapte exactement dans l'anneau de caoutchouc.

La difficulté est également de connaître la taille de l'appareil qui remplira bien l'office de protecteur. On fabrique ces pessaires en quatre tailles différentes : le numéro 1, pour les femmes nullipares (c'est-à-dire n'ayant jamais eu d'enfant), d'un diamètre intérieur de 27 à 28 m/m — le numéro 2, pour celles qui en ont eu un seul (diamètre intérieur de l'anneau 32 m/m) — le numéro 3,

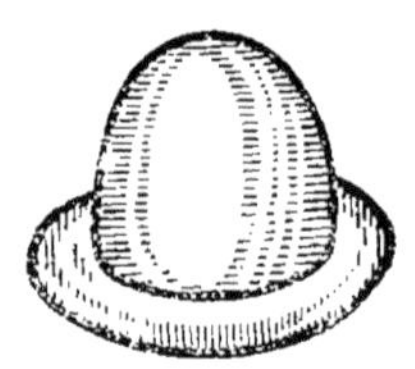

PESSAIRE
A CAPUCHON

pour les femmes ayant eu plusieurs enfants (35 à 36 m/m de diamètre) — le numéro 4, pour celles dont le vagin est fort distendu.

Un pessaire bien choisi et bien placé peut être gardé 24 heures et davantage, mais il est préférable de le retirer chaque jour pour en faire le nettoyage à l'eau pure et au savon, et aussi le désinfecter de temps à autre avec une solution antiseptique autre que l'acide phénique.

Pessaire tubulaire et pessaire Matrisalus.

Il existe d'autres modèles de pessaires, notamment le pessaire tubulaire et le pessaire Matrisalus.

Le pessaire **tubulaire,** dépourvu d'anneau, a la forme d'un grand dé à coudre ; moins volumineux que les autres, il doit être choisi de dimension absolument appropriée à celle de l'organe auquel il est destiné, et appliqué par une personne habile. On fait glisser ce pessaire jusqu'à ce qu'il adhère exactement à l'endroit voulu, en faisant pénétrer la paroi supérieure la première.

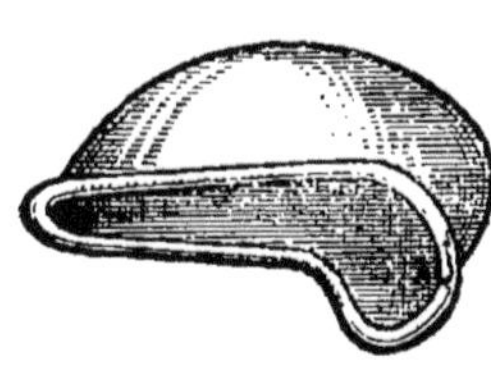

PESSAIRE MATRISALUS

Le pessaire **Matrisalus,** également assez difficile à appliquer, a ceci de particulier qu'il possède sur une partie du bord une courbure destinée à épouser la courbe de l'os pubis, ce qui lui donne l'avantage inappréciable de ne pas se déplacer, même si l'on fait une sorte de massage du ventre. La partie convexe se place en dessus ; où l'introduit comme les autres.

Éponge de sûreté.

Le pessaire peut être remplacé par une petite éponge, dite de sûreté, beaucoup plus simple à placer, qui doit être choisie douce, fine et très élastique.

On les prend généralement trop petites ; pour constituer un protecteur efficace, l'éponge devra avoir au moins le volume de trois noix, et en tout cas, être de grandeur proportionnée à la cavité du vagin au fond duquel elle sera poussée pour mettre obstacle à la projection du sperme sur le col de la matrice. Avant de l'y enfoncer, on la plonge dans un des liquides spermaticides indiqués plus loin.

Mise en place, elle se dilate au fond de l'organe, en en épousant tous les contours. Afin de la retirer aisément, on aura eu soin de l'entourer d'un cordonnet de soie. L'éponge a parfois le désavantage d'occuper un trop grand volume chez les femmes dont l'organe est peu profond ; celles-ci peuvent, dans ce cas, employer la rosette de soie ou du coton hydrophile.

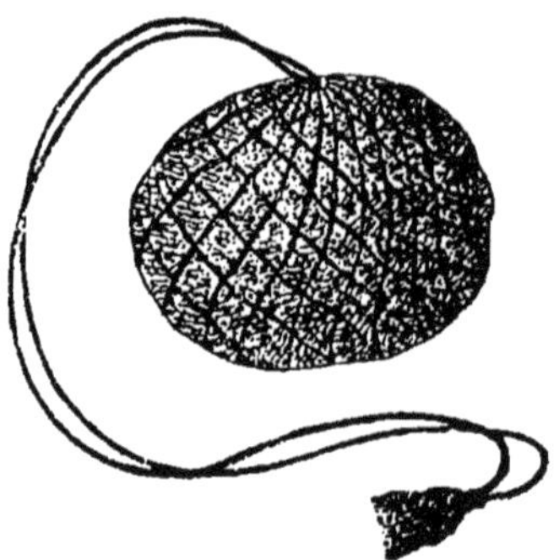

ÉPONGE DE SURETÉ

On fabrique aussi pour cet usage des éponges artificielles de caoutchouc, de forme aplatie.

En s'efforçant de maintenir l'éponge très propre, elle peut servir longtemps. Pour cela, après utilisation, on la nettoie à l'eau de savon et on la garde dans un petit vase contenant de l'eau toujours pure, additionnée de quelques gouttes d'alcool à 90° ou d'eau de Cologne. On peut aussi la bien sécher, en la tamponnant dans un linge, et la ranger dans une boîte, à l'abri de la poussière.

Les éponges doivent être souvent lavées à l'eau tiède additionnée d'un peu de carbonate de soude (cristaux de soude).

Coton hydrophile.

Si l'on n'a pas sous la main de pessaire ou d'éponge, on peut se servir d'un simple tampon de coton hydrophile, de celui qu'on trouve dans toutes les pharmacies.

On confectionne avec ce coton un tampon du volume d'un œuf, on l'entoure d'un cordonnet noué en croix, pour la facilité de l'enlèvement, puis on l'enfonce jusque sur le col de la matrice. Il va sans dire que ce tampon ne peut servir qu'une seule fois.

Rosette de soie ou absorbite.

La rosette, ou absorbite, est un objet tout récemment inventé, formé uniquement de fils de soie, rose ou blanche, attachés en un point central, et qui a sur l'éponge l'avantage de n'occuper qu'un très petit emplacement dans le vagin ; il est donc recommandable surtout aux femmes dont l'organe est petit.

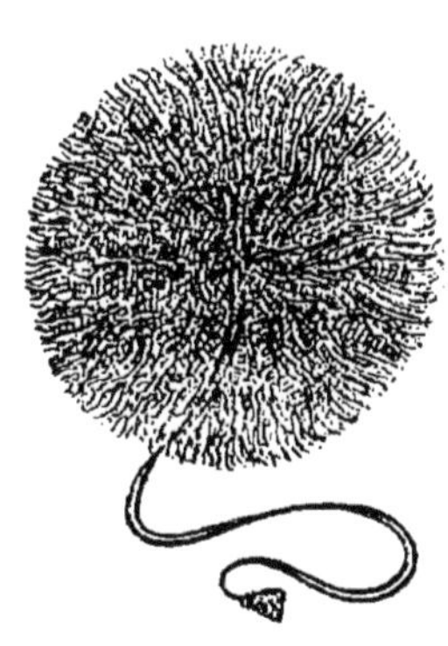

ROSETTE DE SOIE

Ce tampon se met en place comme l'éponge, mais sans le mouiller au préalable ; on le pousse de l'index placé au centre. Les femmes dont le canal vaginal est distendu, peuvent en placer deux l'un près de l'autre. La durée des absorbites est assez longue ; après usage, il faut les laver à l'eau de savon, puis les rincer, les sécher et les peigner délicatement avant de les ranger bien secs dans une boîte.

Injections vaginales

L'emploi des pessaires, comme celui de l'éponge, du coton, ou de la rosette de soie, a pour effet d'empêcher la pénétration directe et immédiate du sperme dans l'utérus, mais il est important de savoir que ce moyen est incomplet par lui-même, et qu'il est nécessaire, le plus tôt possible après le coït, de procéder à un lavage complet, intérieur et extérieur, de l'organe féminin.

Le but de cette irrigation vaginale est double : en premier lieu, nettoyer l'organe en le débarrassant de tout le liquide spermatique provenant de l'homme, ensuite, anéantir la vitalité des spermatozoaires qui pourraient cependant rester logés dans les replis du vagin.

Même si elle était faite d'eau pure, l'injection serait souvent suffisamment efficace, mais l'emploi de quelques acides ou antiseptiques, très nocifs pour les spermatozoïdes, a été conseillé pour donner à la femme une certitude de non-fécondation. Disons tout d'abord avec quels appareils et comment se fait l'irrigation vaginale.

Douche d'Esmarck, ou bock.

Lorsqu'on est chez soi, c'est à la douche d'Esmarck qu'il faut donner la préférence, en raison de la commodité de son emploi, de la simplicité de l'appareil et de sa facilité de nettoyage.

La douche d'Esmarck, ou bock, se compose d'un récipient de faïence, de porcelaine, de verre ou de métal émaillé, d'une contenance de 1, 2 ou 3 litres (on emploie habituellement ceux de 2 litres de capacité), portant à sa partie inférieure un ajoutage sur lequel on adapte un tube de caoutchouc de 1 m. 50 à 2 m. de longueur, muni à son extrémité inférieure d'un robinet et d'une **canule**, soit en verre, en os, en nickel ou en gutta.

Pour les déplacements et les voyages, on fabrique des bocks de caoutchouc qui s'aplatissent et tiennent peu de place.

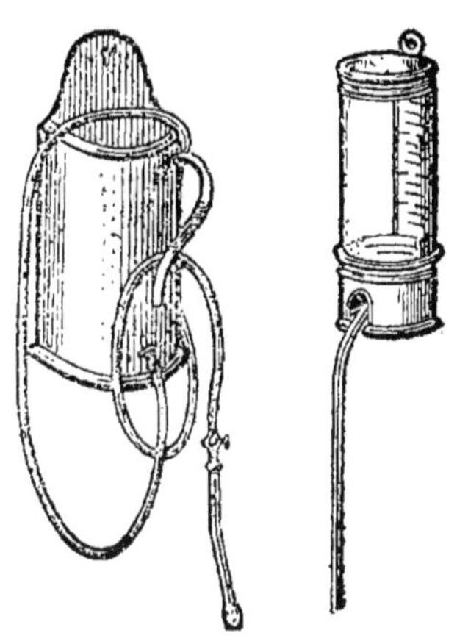

DOUCHES D'ESMARCK

Les canules à double courant, qui obturent complètement la vulve, ont un orifice pour l'entrée du liquide et un pour sa sortie ; elles permettent de prendre l'injection au lit sans crainte d'écoulement d'eau dans celui-ci : un tube amène l'eau du bock et un autre la déverse, à la sortie de l'organe féminin, dans un vase que l'on place près du lit.

Il faut toujours tenir ces appareils en parfait état de propreté, couverts d'un linge, à l'abri de la poussière.

Comment on prend l'injection.

Ayant préparé le liquide destiné à l'injection, empli et accroché le récipient à une hauteur de 1 m. 50 au-dessus du bidet ou du lit, ayant eu soin de fermer le robinet du tube d'écoulement, la femme se place sur son bidet ou sur un bassin de lit, étendue horizontalement le plus possible, en s'adossant sur des coussins ou un meuble formant plan incliné à 45° environ, les jambes écartées, légèrement relevées, les pieds posés sur le parquet ou le lit.

COMMENT ON PEUT PRENDRE L'INJECTION

Elle introduit très profondément la canule dans le vagin, ouvre le robinet et laisse le liquide couler abondamment et avec force pendant quelques instants pour faire un premier lavage. Puis, ayant enlevé l'éponge ou le pessaire qu'elle aurait placé précédemment, la femme serre de la main gauche les lèvres de la vulve afin de retenir quelques secondes le liquide à l'intérieur, distendre le vagin et le baigner complètement. Elle laisse ensuite échapper subitement toute cette eau, resserre encore les lèvres de la vulve et continue la même manœuvre jusqu'à épuisement du liquide du bock. De cette façon, elle obtient un lavage parfait.

Si l'on fait usage d'une canule de verre, il faut, par mesure de prudence, en avoir une de rechange ; en tout cas, si on la brise au moment de s'en servir, le bout du tube de caoutchouc peut faire office de canule.

Autres irrigateurs.

Il existe d'autres appareils irrigateurs pouvant remplacer la douche d'Esmarck, excellents pour l'injection, mais plus coûteux.

Un modèle très connu est celui de l'alpha syringe, appareil tenant dans une petite boîte, formé d'une boule et de deux tubes de caoutchouc, sans réservoir, qui donne un jet régulier, continu, du liquide aspiré dans une cuvette et refoulé dans le vagin. Son prix est assez élevé. Pour se servir de cet appareil, on immerge le tube dit « plongeur » dans le liquide de l'injection, on presse sur la boule de caoutchouc, et lorsque le liquide est monté dans les deux tubes, on introduit la canule dans le vagin. La pression opérée doucement avec deux doigts suffit à produire le jet continu.

Les énémas, clysopompes, clysoirs, etc., dont chaque fabricant a un modèle particulier, sont des irrigateurs de la même catégorie. Ces appareils sont très pratiques pour les personnes qui voyagent.

Irrigateur-obturateur.

Celui-ci est formé simplement d'une poire en caoutchouc pouvant contenir un grand verre de liquide, muni d'un cône de caoutchouc souple, terminé par une canule en gutta. Le tout se démonte pour la facilité du nettoyage.

L'appareil se remplit par aspiration, en plongeant la canule dans le liquide devant servir à l'injection et en aplatissant la poire ; l'air chassé est aussitôt remplacé par le liquide et l'appareil est prêt pour l'injection.

Cet irrigateur remplace très bien la douche d'Esmarck, surtout si la femme veut se donner l'injection au lit ; il permet aussi de la prendre sans attirer l'attention d'enfants ou de personnes qui occuperaient la même chambre. Dans ce cas, avant de se mettre au lit, on aura rempli l'appareil d'une solution spermaticide ;

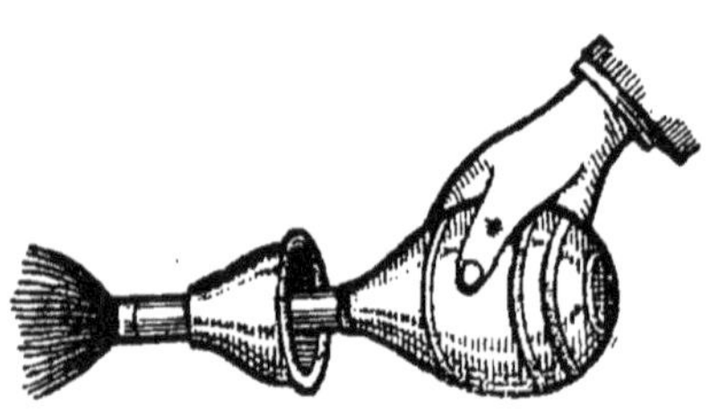

IRRIGATEUR-OBTURATEUR

immédiatement après le coït, la femme procède ainsi : étendue sur le dos, elle introduit complètement la canule dans le vagin, de manière que le cône de caoutchouc ferme bien l'entrée de la vulve. Elle serre fortement les jambes en les étendant : la poire se trouve comprimée et le liquide chassé dans l'organe ; puis la femme laisse la poire reprendre sa forme normale, le liquide ne pouvant s'écouler hors de l'organe est aspiré par l'appareil. Cette petite manœuvre recommencée deux ou trois fois, suffit à débarrasser le vagin du sperme, qui se trouve noyé dans le liquide de l'irrigateur.

Il sera prudent pour la femme, dans ce cas, d'employer aussi l'éponge de sûreté, imbibée du liquide antiseptique.

Petite Injection à la seringue.

Lorsque, pour une raison quelconque, la femme ne peut faire une grande irrigation, elle peut se contenter, aussitôt après le coït, d'une petite injection faite avec une seringue de verre, contenant environ 6 centimètres cubes de liquide, ou un peu plus. Elle la remplira d'un liquide spermaticide et introduira

SERINGUE A INJECTION POUR DAME

l'extrémité de cette seringue aussi loin que possible vers le col de la matrice, en se plaçant au-dessus d'un vase; appuyant rapidement sur le piston, elle chassera dans le vagin tout le contenu de la seringue.

Ce procédé donne encore un lavage moins complet qu'avec l'irrigateur-obturateur, mais n'oblige pas non plus la femme à quitter le lit. Elle peut ainsi retarder quelque peu le lavage au bock, qu'il est préférable pourtant de faire le plus tôt possible.

Liquides anticonceptionnels.

La grande injection prise avec de l'eau tiède, de 25° à 35°, suffit à débarrasser le vagin du sperme qui y est resté après l'acte sexuel, mais par raison de sécurité, comme préventif de la conception, **les praticiens recommandent d'ajouter** à cette eau un des produits suivants, que je mentionne avec leurs vertus et leurs inconvénients :

L'alun, à la dose de 10 grammes par litre d'eau, qui a été préconisé, est un astringent qui enlève la sensibilité des muqueuses et ne peut être employé continuellement, car il finirait par supprimer toute volupté.

L'acide borique est également à délaisser, son pouvoir microbicide étant trop faible pour cet usage.

L'acide phénique est à la fois énergique et dangereux ; en solution, même étendue, sur une muqueuse enflammée ou blessée, il peut amener des eschares. La proportion à observer dans son emploi serait de 1/100° à 1/500°.

Le **permanganate de potasse,** souvent employé dans la thérapeutique sexuelle, a l'inconvénient de tacher en roux la peau et surtout d'altérer gravement les tissus organiques. Ce n'est qu'exceptionnellement qu'on l'emploiera à la dose de 50 centigrammes pour 2 litres d'eau.

Le **sublimé corrosif** (bichlorure de mercure), à la dose de 1/4.000° à 1/8.000° c'est-à-dire un paquet de 50 ou de 25 centigrammes pour 2 litres d'eau, donnerait une solution spermaticide suffisamment puissante, mais c'est un poison des plus dangereux dont on doit proscrire l'usage répété, car, par les muqueuses, il finit par pénétrer dans l'organisme. Il est sage de choisir un autre produit.

Le **vinaigre** se trouve partout. On l'emploie dans dix fois son volume d'eau, soit trois cuillerées à soupe dans un litre d'eau, et il peut servir lorsqu'on manque d'un autre liquide.

L'acide citrique ou **l'acide tartrique** sont convenables à la dose de 2 à 4 grammes par litre d'eau. Il faut se les procurer en poudre, la dissolution des cristaux étant assez lente.

L'aldéhyde formique, ou plus simplement **formol** (vendu en solution à 40 0/0), récemment découvert par Hoffman, est un liquide incolore qui détruit les bactéries et le fait employer comme antiseptique et désinfectant. Peu toxique, provoquant simplement de l'irritation si la dose est trop forte, il paraît répondre à tous les desiderata.

En injection vaginale, on l'emploie dans la proportion d'une cuillerée à café par litre d'eau ; faite avec de l'eau chaude, cette préparation dégage des vapeurs qui suffisent à tuer les spermatozoïdes non atteints par le liquide lui-même. Il est bon de ne pas mélanger le formol avec l'eau plus de 3 à 4 jours à l'avance, celle-ci altérant sa composition ; d'ailleurs, on ne préparera l'injection qu'au moment d'en faire usage.

On peut ajouter que l'injection faite au formol est recommandable au point de vue de l'hygiène et de la propreté sexuelles.

Le formol est vendu dans toutes les pharmacies, au prix de 2 fr. 50 à 3 francs le litre, et est délivré sans qu'il soit besoin d'ordonnance. Ce produit est également préparé sous forme de pastilles de **formolodor,** que l'on écrase et que l'on fait dissoudre dans l'eau chaude au moment de son emploi (une pastille par litre d'eau) ; leur emploi est surtout indiqué lorsqu'on se trouve en déplacement.

Voici encore deux compositions dont on peut parfois faire usage, mais qui nécessitent la production d'une ordonnance de médecin pour les obtenir :

Après avoir employé la moitié du contenu du bock (de deux litres d'eau pure) à un premier lavage, continuer l'injection après avoir mis dans le dernier litre **une** cuillerée à soupe de cette solution :

Acide tartrique..............	10 grammes.
Sublimé	5 —
Eau distillée...............	250 —

Ou bien : mettre dissoudre dans le dernier litre d'eau un paquet de :

Acide tartrique.............	1 gramme.
Sublimé	0 gr. 25

Poudres anticonceptionnelles. Dilatateurs vaginaux

On emploie ces poudres avec l'aide d'un appareil dit **dilatateur vaginal,** composé d'une poire à insufflation qui contient la poudre, et d'une canule longue, en ébonite, percée à l'extrémité de plusieurs trous. La canule introduite dans le vagin, par des pressions répétées sur la poire, on projette la poudre sur le col de la matrice où elle détruit la vitalité des spermatozoïdes et les empêche de pénétrer dans la matrice.

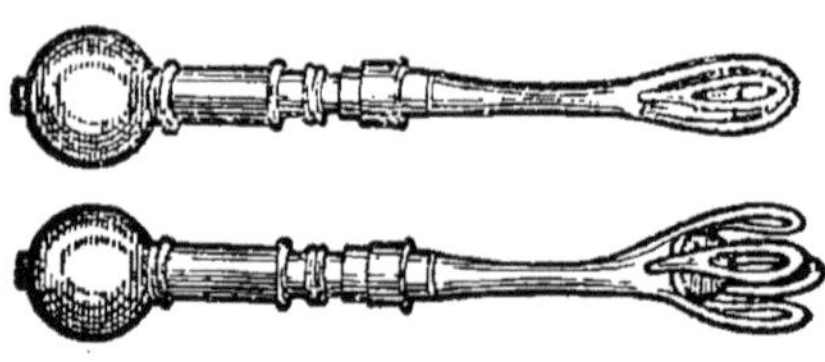

DILATATEUR VAGINAL LANCE-POUDRE
(ouvert et fermé)

Ces appareils coûtent relativement cher, d'autant plus que pour bien remplir leur office, ils doivent être munis de petites ailettes à claire-voie qui ont pour but, lorsqu'on tourne un pas de vis, d'écarter les parois du fond du vagin, de façon à ce que la poudre soit bien lancée jusque sur l'orifice de la matrice.

Voici la composition d'une poudre anticonceptionnelle que l'on peut préparer soi-même très économiquement :

Poudre d'amidon................	75 grammes.
Gomme arabique pulvérisée.....	10 —
Acide tartrique en poudre.......	10 —
Tanin en poudre................	5 —

Si l'on emploie 2 à 3 grammes de cette poudre à chaque insufflation, ces 100 grammes suffiront donc pour servir de préventif une quarantaine de fois. Il va sans dire qu'une injection est indispensable aussitôt après le coït, pour nettoyer complètement le vagin et parfaire l'effet de la poudre.

Ovules ou cônes anticonceptionnels.

On donne le nom de **cônes, ovules** ou **olives** anticonceptionnels, à de petits suppositoires à base de beurre de cacao ou de gélatine, que l'on introduit jusqu'au fond du vagin, environ dix minutes avant le moment du coït.

A cet endroit, le cône fond en enveloppant le col de la matrice d'une matière grasse et alcaloïdique qui forme enduit avec les mucosités du vagin et le sperme, lors de son émission, et détruit la vitalité de celui-ci. Ce préservatif, bien placé, conserve son efficacité pendant plusieurs heures ; il a l'avantage de ne nécessiter aucun soin avant ou après l'acte sexuel, si ce n'est un lavage de propreté, par la suite.

Le principe essentiel de ces cônes est la quinine, le sublimé ou le formol, mais il faut les acheter de marque connue et ne pas se laisser prendre au prix peu élevé de certains produits, car on ne tarderait pas à en reconnaître la déplorable inefficacité.

C'est le seul des préservatifs que les vierges ou les nouvelles mariées puissent employer. L'éponge est parfois utilisée avec ces suppositoires, de manière à augmenter la sécurité, en retenant le cône au fond de l'organe et en interceptant toute communication possible.

Résumons. — Indications précises.

J'ai fait tous mes efforts pour être aussi claire que précise dans mes explications ; j'ai multiplié les figures afin de pouvoir être parfaitement comprise de tout le monde, mais après cet exposé des divers appareils et procédés généralement utilisés pour se prémunir contre une conception non voulue, il est utile de résumer en quelques lignes la marche à suivre pour obtenir, à peu de frais, la garantie aussi absolue que possible de non-fécondation.

Il est bon de dire tout d'abord que, dans ces circonstances, la femme doit se fier uniquement aux précautions qu'elle prendra elle-même et ne pas compter sur celles qui seraient prises par son conjoint, toujours trop disposé à les négliger ; il faut répéter qu'une sécurité complète n'est possible que si la femme emploie un des meilleurs obturateurs de l'utérus et prend aussitôt après le rapprochement l'injection chaude avec le plus actif des liquides spermaticides. Deux précautions valent mieux qu'une. En effet, il peut se faire que le condom se déchire, que le pessaire n'ait pas été bien placé, ou que l'injection, si c'est la seule mesure de prudence adoptée, ne soit prise que lorsqu'une parcelle de sperme aurait déjà pénétré dans la matrice.

Beaucoup de personnes pensent que tous ces moyens — qui ne présentent cependant que peu d'inconvénients — sont coûteux, fastidieux, exigent beaucoup de soins, de temps, ou une application qu'il n'est pas toujours possible ou commode de fournir à un certain moment. A ces personnes qui, néanmoins, désirent ardemment se prémunir contre tout risque de conception, mais restent perplexes et ne savent à quel moyen recourir, on peut rappeler le procédé le plus simple, le moins onéreux, le plus à leur portée, ne laissant rien à la merci d'une négligence ou d'une précipitation, et qui consiste à avoir dans leur cabinet de toilette un flacon de formol, un bock à injection avec son tuyau muni d'un robinet et d'une canule, et deux ou trois petites éponges de sûreté, qui seront toujours entretenues en parfait état de propreté.

Au moment voulu, on prépare le liquide de l'injection en remplissant le bock de deux litres d'eau assez chaude, à 33° environ, en y versant une cuillerée à soupe de formol — équivalant à deux cuillerées à café — pas davantage, une plus forte proportion de formol occasionnant une sensation de cuisson. Avant de mettre l'éponge en place, on la plonge un instant dans le liquide du bock et on la pousse au fond du vagin, en laissant pendre hors de l'organe le cordonnet qui l'entoure. Immédiatement après l'acte sexuel, on procède à l'injection.

Pour compléter ces indications, j'ajouterai que si les rapports sexuels doivent être répétés à diverses reprises, dans la même nuit, par exemple, ce sera le cas d'employer plusieurs éponges pour ne pas se trouver dans l'obligation de nettoyer, à ce moment-là, celle que l'on aurait déjà utilisée. Si les rapports ont lieu dans un endroit où l'on ne peut prendre à son aise toutes les précautions désirables, la femme peut toujours, à l'avance, mettre en place l'éponge imbibée de formol ; elle peut également user de cônes anticonceptionnels, ou demander à son conjoint d'employer un condom.

Par ces moyens préventifs, des plus simples, elle n'a à redouter aucune irritation du vagin par des pessaires mal choisis, ni à faire aucun apprentissage pour leur mise en place. D'autre part, les quelques préparatifs nécessaires sont très vite accomplis lorsqu'elle y est habituée, et le temps à y consacrer est minime et de peu d'importance, eu égard aux résultats attendus, qui sont inappréciables.

Au surplus, qui veut la fin, veut les moyens. Je rappellerai qu'il faut de la prévoyance dans tous les actes de la vie ; dès que l'on a reconnu qu'une chose est bonne et faisable, dès qu'après examen on s'est dit : « Je devrais faire cela », il faut vouloir qu'il en soit ainsi. La volonté est un puissant levier qui aplanit bien des difficultés.

La peine après le plaisir

Je prie le lecteur de ne rechercher dans ce chapitre que des notions claires et positives sur les principales maladies sexuelles (dites aussi **vénériennes,** de Vénus, déesse de l'amour), qu'il est indispensable que chacun puisse reconnaître, le cas échéant, afin de prendre toute détermination utile. Deux d'entre elles, la blennoragie et la syphilis, sont particulièrement redoutables ; excessivement contagieuses à l'état aigu, elles sont susceptibles de se réveiller et de le redevenir si elles n'ont pas été complètement guéries. Il sera donc toujours de la plus élémentaire honnêteté de s'en guérir radicalement avant toute nouvelle union. Pour ce qui concerne leur traitement, nous avons en France, afin de protéger le plus grand nombre contre la race des charlatans, des lois prohibitives régissant l'exercice de la médecine et de la pharmacie, et, d'autre part, on sait qu'il y a le plus grand péril à conseiller à des personnes souvent incompétentes des remèdes dangereux à manier. Il faut donc laisser au médecin, seul bon juge pour établir le diagnostic des maladies, toute la responsabilité d'une médication efficace, en le chargeant du soin de prescrire les médicaments et les doses convenables.

La blennorragie chez l'homme.

La blennorragie est une maladie infectieuse, due à un bacille appelé **gonocoque,** dont la caractéristique est de déterminer sur les organes qu'il envahit, que ce soit chez l'homme ou chez la femme, une inflammation violente, avec écoulement d'un pus excessivement contagieux.

Scientifiquement, cette maladie est dénommée **urétrite** et communément chaude-pisse. Elle s'acquiert par le contact direct des muqueuses avec le pus blennorragique, ordinairement par le fait d'un rapport sexuel, mais aussi par le contact avec tout objet souillé de pus.

MICROBE DE LA BLENNORRAGIE

Symptômes. — Assez souvent, l'affection se manifeste dès le troisième ou le quatrième jour. Le début de la maladie s'annonce par une démangeaison vers le bout de la verge, un picotement dans l'urètre, puis bientôt une cuisson plus vive, rapidement douloureuse, lors de l'émission de l'urine. Une pression légère sur la verge fait sortir du canal un liquide filant, devenant peu à peu louche et purulent.

En moins d'une semaine, la maladie arrive à son complet développement. L'écoulement est quelquefois teinté de sang ; les érections sont très douloureuses, surtout la nuit. Au bout de quinze à vingt jours, la sécrétion devient jaune crêmeux, puis d'un blanc sale, et si l'on s'est soigné comme il convient, c'est là le signe d'une prochaine et heureuse terminaison. Mais si, par suite de mauvais soins, l'écoulement prend une forme intermittente, chronique, la blennorragie est devenue une **blennorhée,** extrêmement longue à guérir.

La **balanite** et la **posthite** sont des blennorragies externes ; la balanite affecte la membrane muqueuse qui revêt le gland, la posthite enflamme la partie interne seulement du prépuce. Ordinairement, elles se confondent et forment la balano-posthite, qui provient de causes diverses, mais est aisément curable.

Traitement de la blennorragie. — Il faut bien se garder d'essayer un traitement dit « abortif », toujours dangereux. Le traitement le plus sûr et le plus court se compose à la fois de précautions hygiéniques et de soins médicamenteux.

L'hygiène, d'une importance capitale, se résume dans les indications suivantes : prohibition absolue de rapports sexuels, de tout exercice fatigant, équitation, bicyclette ; proscription des excitants de tout genre, mets épicés, asperges, spiritueux, bière ; soins extrêmes de propreté, envelopper le gland de coton aseptique souvent renouvelé ; porter un suspensoir ; prendre de grands bains pas trop chauds tous les deux jours ; enfin se laver minutieusement les mains après chaque pansement, à cause du danger terrible de la contamination des yeux.

Quant à la médication proprement dite, elle varie nécessairement suivant les phases de la maladie. Pendant la période aiguë : des boissons diurétiques, émollientes ; la tisane de graine de lin est indispensable au début. Lorsque l'inflammation disparaît, que l'écoulement se tarit et que la douleur n'existe plus, on emploie la médication dite suppressive : remèdes internes, de la série des balsamiques : copahu, cubèbe, térébenthine, etc..., et des injections astringentes ou caustiques, mais il faut bien savoir que leur usage intempestif ou abusif peut devenir, chez l'homme, l'occasion d'un certain nombre d'accidents. Il est nécessaire d'uriner avant de faire l'injection, pour débarrasser le canal des sécrétions. Le traitement doit être continué aussi longtemps qu'on aperçoit des filaments dans l'urine, en la regardant par transparence dans une éprouvette de verre. Après guérison, s'abstenir encore pendant quinze jours de tout rapport sexuel.

Complications et accidents. — La blennorragie par elle-même est une affection facilement guérissable, mais certaines complications viennent parfois l'aggraver singulièrement. Les accidents qui peuvent en surgir sont aussi nombreux que variés : l'**orchite** ou **épidydimite,** lorsque l'inflammation gagne intérieurement les testicules, et qui amène la stérilité si les deux testicules sont atteints ; la **cystite,** inflammation du col de la vessie, la **prostatite,** d'un traitement extrêmement long, l'**ophtalmie blennorragique,** si le malade porte une goutte de pus aux yeux, le **rétrécissement** du canal uréthral, etc...

Comme toutes les maladies infectieuses, la blennorragie détermine, lorsqu'elle n'est pas soignée et guérie, des complications générales très graves, telles que phlébite, rhumatismes, arthrites, certaines maladies de cœur, etc...

La blennorragie chez la femme.

Pour la femme, l'agent de transmission de la blennorragie est l'homme, ou tout objet ayant été en contact avec une seule goutte de pus chargé du microbe de la maladie. Le vagin est la porte d'entrée du gonocoque. Après une période d'incubation de cinq jours environ, les microbes provoquent une **vaginite** intense, c'est-à-dire une inflammation de la muqueuse du canal vaginal qui va de la matrice à l'entrée des voies naturelles.

La vaginite se manifeste chez une femme parfaitement saine jusqu'alors par des pertes jaune-verdâtres abondantes, qui salissent le linge. La malade a, en outre, la sensation d'un corps étranger douloureux dans la profondeur du vagin ; elle ressent aussi une pesanteur, une cuisson, un tiraillement, des besoins fréquents de pousser, d'uriner, et souvent une douleur sourde, continue, en coups d'épingles. Ces symptômes aigus s'atténuent assez vite, car les microbes, après un séjour relativement court dans le vagin, gagnent le canal de l'urèthre, le col de la matrice, et finalement les trompes et les ovaires. Ils se fixent et se reproduisent bien à leur aise dans ces organes profonds où ils sont à l'abri de l'eau des injections.

A son début, c'est-à-dire localisée dans le vagin, la maladie peut se guérir en une semaine par des pansements quotidiens, tamponnements de gaze iodoformée, et par des injections chaudes médicamenteuses. Lorsque la maladie est plus avancée, il faut des lavages faits avec des instruments spéciaux. L'hygiène et le traitement général sont les mêmes que pour l'homme.

Les complications spéciales à la femme sont : la **bartholinite**, la **métrite**, la **salpingite**, l'**ovarite**, etc... En cas d'accouchement pendant que la femme serait malade, il faut redoubler de soins de propreté ; laver les yeux du nouveau-né avec du permanganate de potasse, pour éviter l'**ophtalmie blennorragique**. Le Dr Galtier-Boissière déclare que sur les 38.000 aveugles que l'on compte en France, un tiers de ceux-ci doivent à leur mère, pour cette cause, la perte de la vue.

Pertes blanches ou leucorrhée.

Les **pertes blanches**, maladie spéciale à la femme, sont constituées par un écoulement sans odeur particulière, plus ou moins visqueux, filant comme du blanc d'œuf, empesant le linge et parfois assez abondant pour obliger la femme à porter constamment une garniture. Il est tantôt continu, et alors augmente avant et surtout après les règles, tantôt intermittent, et, dans ce cas, il s'accumule dans la matrice qui le chasse brusquement par ses contractions.

Les pertes blanches coïncident généralement avec des douleurs de ventre ou de reins et des règles abondantes, mais elles se manifestent aussi seules, c'est-à-dire sans être accompagnées d'autres symptômes, surtout chez la jeune fille. Les pertes blanches sont toujours le signe de l'inflammation des organes génitaux.

L'anémie et l'usage du café au lait sont-ils des causes de leucorrhée ? Les médecins ne le pensent pas ; la suppression ou l'abus de cet aliment ne modifie en rien l'affection, malgré la croyance répandue dans le public. L'anémie est souvent l'effet et non la cause de la leucorrhée, et, de plus, ces deux maladies sont souvent associées.

On traite les pertes blanches par un **régime fortifiant**, le grand air, les bains alcalins, des injections chaudes aux feuilles et aux fleurs, car le mal localisé dans l'utérus peut gagner plus tard les trompes et les ovaires, et déterminer une salpingite qui fera de la femme une infirme et une martyre.

Le chancre simple.

Le **chancre simple** ou **chancre mou** est une maladie exclusivement locale qui n'a de commun avec le chancre syphilitique que son caractère contagieux.

Le chancre simple apparaît un à trois jours après le contact impur. Une fois bien formé, il se présente sous la forme d'un ulcère rond, à bords taillés à pic, légèrement décollés. Il sécrète en abondance un pus virulent et contagieux et présente une tendance à s'étendre, mais jamais il ne s'entoure d'une auréole dure, et c'est là le caractère qui le distingue nettement du chancre syphilitique.

Sa durée est souvent assez longue et il guérit en général par cicatrisation. S'il n'existe aucune menace de complication, on peut se borner à faire un pansement isolé et des lavages de liquides astringents. Si la guérison se fait attendre, on a recours aux caustiques, et, en cas de complications telles que la balanite, la gangrène, des débridements deviennent nécessaires.

Il est, en tout cas, facile d'éviter ces chancres, car ils ne sont ordinairement transmis que par des individus extrêmement malpropres ou des filles de dernière classe.

La syphilis.

Quand les Français à tête folle
S'en allèrent dans l'Italie,
Ils gagnèrent à l'étourdie
Et Gêne, et Naples et la vérole ;
Puis ils furent chassés partout,
Et Gêne et Naples on leur ôta ;
Mais ils ne perdirent pas tout,
Car la vérole leur resta...

C'est par ces vers célèbres que Voltaire indique le pays d'où cette terrible maladie aurait été importée en France. A la vérité, alors qu'on sait qu'elle a de tout temps existé, elle frappa les peuples, au XVᵉ siècle, comme un fléau nouveau, et se répandit en quelques années parmi toutes les nations de l'Europe. Etudiée méthodiquement depuis le XVIIIᵉ siècle, on a constitué peu à peu la notion que nous avons actuellement de la syphilis.

C'est une maladie générale, chronique, contagieuse et virulente, transmissible par contact, surtout par l'acte sexuel, comme également par voie d'hérédité. Elle semble produite par un microbe tout récemment découvert, le tréponème pâle.

Elle n'est jamais spontanée. Le virus pénètre très facilement par la plus petite érosion de la peau des parties génitales, des mains, de la bouche, etc... Trois ou quatre semaines environ après le moment de l'infection, se révèle la première manifestation de la maladie, sous forme d'un chancre induré se développant au point même où a eu lieu l'infection. C'est une petite ulcération en forme de godet, non suppurante ni douloureuse, lisse, rougeâtre ou grisâtre, qui se cicatrise seule, en six semaines environ.

Au bout de quelques jours, les ganglions de la région où s'est développé le chancre, forment un chapelet de petits noyaux durs, reconnaissables au toucher, et quelques semaines après éclatent les **accidents secondaires** sous forme de **roséole** — taches rosées de la grandeur d'une lentille à celle d'une pièce de vingt centimes, qui envahissent presque tout le corps — de **céphalalgie**, de **plaques muqueuses** dans la bouche, etc... Toutes ces lésions sont éminemment contagieuses.

Deux ou trois ans plus tard, si la syphilis est bénigne et si elle a été bien traitée, les accidents disparaissent et ne se reproduisent plus, mais si la maladie n'a pas complètement épuisé son action, elle peut amener les accidents les plus variés et les plus graves, pendant la période dite **tertiaire.**

En résumé, si la syphilis réserve des surprises terribles à ceux qui ne se sont pas traités de la façon la plus sérieuse et la plus suivie, elle a du moins l'avantage, étant soignée longtemps, trois ou quatre ans, par une médication du reste très simple, l'iodure de potassium et le mercure sous diverses formes, que ses manifestations sont assez facilement curables dans la très grande majorité des cas.

La contagion pouvant se produire en dehors des rapports sexuels, avec une personne ayant des accidents syphilitiques, par le baiser, ou par l'intermédiaire d'objets ayant été souillés par le virus, tels que verres à boire, crayons, rasoirs, objets de toilette, pipes, jouets, instruments de musique, linge, etc..., on comprendra avec quel soin on doit toujours éviter de se servir d'objets qui ne sont pas exclusivement personnels, car bien souvent, aucun indice ne vient révéler chez autrui l'existence de cette maladie, malheureusement fort répandue. Et lorsqu'on remarquera la moindre plaie suspecte aux parties génitales, aux lèvres ou à la bouche, il faudra consulter un médecin, car cette plaie, si minime soit-elle, peut être un accident causé par la vérole.

Le syphilitique qui vit en famille doit avoir ses ustensiles de table et ses objets de toilette absolument particuliers. Le mariage ne lui est permis qu'après quatre ans de traitement consécutif au chancre, et lorsque, depuis deux ans, il n'a plus eu d'accident : cela, pour éviter la contamination de la femme. Si le mariage a eu lieu avant ce délai et en cas de conception, il faudra astreindre la femme, même saine, à suivre le même traitement.

L'enfant qui naît d'un père ou d'une mère en **possession** d'accidents syphilitiques au moment de la fécondation, a les plus grandes chances d'avoir lui-même des lésions syphilitiques. Les statistiques indiquent que la mortalité atteint 82 0/0 des enfants, lorsque les parents ne se sont pas ou se sont insuffisamment traités. Il importe d'ajouter qu'un enfant né d'un père ou d'une mère syphilitique ne doit jamais être confié à une nourrice, parce qu'il pourrait transmettre la vérole à cette nourrice : il sera donc nourri par sa mère ou élevé au biberon.

Comment on se préserve
des maladies sexuelles

Les principales maladies sexuelles exposées précédemment, qui se communiquent le plus souvent par les rapports des sexes, pourraient être fréquemment évitées par des précautions minutieuses, mais tout à fait élémentaires et coûtant très peu. Je vais les indiquer dans ce chapitre, en faisant toutefois remarquer qu'il n'existe pas de moyens — sauf l'abstention totale de rapprochements avec une personne dont l'état de santé nous est **inconnu** — qui soient susceptibles de donner une immunité absolue contre ces diverses maladies. « Le seul moyen d'éviter à coup sûr la contagion, disait Ricord, c'est de ne pas s'y exposer. »

À qui je m'adresse.

Le caractère honteux attaché de tout temps aux maladies sexuelles, l'hypocrisie traditionnelle qui les fait désavouer, et par suite, l'ignorance de leur existence dans laquelle se trouvent non seulement la plupart des gens du peuple, mais même des personnes instruites, est la cause principale de la fréquence des contagions vénériennes. Il est grand temps que ces maladies dont on ne parle généralement qu'à voix basse — comme on le fait d'ailleurs pour le coït, l'accouplement simple et sain — cessent d'être considérées comme un châtiment ou une honte, car ce sont là des pensées d'un autre âge, il faut bien le reconnaître.

L'amour comprend deux choses : une affection idéale et une sensation charnelle ; et, même pour certains hommes d'esprit cultivé, mais repris momentanément par la matière, il existe un besoin brutal et nu, besoin très physiologique, qui rapproche l'homme de l'animal. Quelle est la vie sexuelle du jeune célibataire sain et robuste, ayant des désirs vénériens violents, impérieux ? Personne ne s'en préoccupe, ne le conseille, ni ne l'instruit sur les dangers d'une contamination qui pourra retentir durement sur sa vie, comme sur celles de sa future épouse et de ses enfants.

Le jeune travailleur, le soldat, tout homme enfin, que les exigences de la vie empêchent de penser à une liaison calme et reposante, chez lequel la nature réclame cependant satisfaction, et qui est ainsi conduit à sacrifier à Vénus avec une inconnue, doit savoir que le danger est partout, aussi bien dans la rue que dans les maisons de tolérance, comme dans le boudoir de la demi-mondaine, et que la plupart des malheureuses femmes qu'il rencontrera, surtout celles qui sont dangereuses, échappent à tout contrôle sanitaire.

Quelques sages précautions seules permettent d'éviter la contagion vénérienne. Le jeune homme devra surtout se garder d'entrer en relations charnelles avec une femme au teint blême, aux lèvres décolorées, à la démarche fatiguée, indices certains d'une mauvaise santé; les blondes lymphatiques sont les femmes les plus disposées aux pertes blanches, cause d'inflammation de l'urèthre.

Par contre, s'il constate, chez son amie d'un moment, que le maintien est assuré, que les yeux sont vifs, que sous la peau affinée, le sang circule vermeil, il aura l'impression d'une santé bien équilibrée et pourra avoir moins de défiance, quoique, par une singulière contradiction, l'avarie soit fréquente chez des personnes ayant une apparence de santé florissante. C'est pourquoi un examen local de la femme, un peu délicat, il est vrai, est indispensable préalablement au coït.

Avant l'acte sexuel.

Tout d'abord, l'homme s'abstiendra de tout rapport sexuel lorsqu'il constatera sur lui-même la moindre écorchure aux organes génitaux ; la plus petite exulcération, produite par l'éraillure d'un imperceptible bouton ou par le frottement d'un poil, la moindre vésicule d'herpès, offrent des portes d'entrée tout ouvertes à l'infection.

Un préjugé encore assez répandu consiste à croire que le coït *ab ore* offre moins de dangers au point de vue de la contamination, comme si les muqueuses de la bouche, les lèvres, la langue, le voile du palais, les amygdales, n'étaient pas aussi fréquemment le siège de syphilides ulcéreuses que les organes génitaux. Les rapports violents, prolongés et répétés, sont les plus dangereux à cause des écorchures qu'ils déterminent souvent et qu'il faut soigneusement éviter, car elles augmentent beaucoup les chances d'infection. Le sang du syphilitique contenant le microbe de la maladie, il faut aussi éviter tout rapport avec une femme pendant la période menstruelle.

On répète fréquemment que « la plus jolie fille du monde ne peut donner que ce qu'elle a », mais le plus souvent, elle ne communiquerait même pas la maladie qu'elle aurait, si des soins minutieux de propreté étaient le prélude obligé de tout rapport sexuel : Vénus sortant de l'onde a rarement donné une blennorragie.

En règle générale, le jeune homme devra se défier des femmes trop pudiques, qui ont parfois une bonne raison pour dérober certaines souillures à un regard trop clairvoyant. Il doit être présent au déshabillé de sa partenaire, l'aidant même, et il doit s'abstenir de tout rapport lorsqu'il découvrira sur le linge intime des taches d'un écoulement suspect, ou lorsque les organes génitaux exhaleront une odeur désagréable et forte, ou présenteront des lèvres rouges, gonflées, irritées, qui révèlent une urétrite ou des pertes blanches ; il devra agir de même si, à l'introduction du doigt à l'entrée du vagin, la femme en éprouvait une douleur, révélatrice d'un état morbide. Chez une femme en bonne santé, les organes génitaux sont peu humides, à moins que celle-ci ne soit très ardente ou n'ait été préalablement fortement excitée.

L'homme — ou la femme — devra rigoureusement s'abstenir du coït avec une personne qui présenterait sur la peau des taches légèrement surélevées, de teinte violacée, cuivrée ou grisâtre, souvent placées en forme de petits cercles, et qu'il est aisé d'apercevoir sur le cou, la poitrine, les bras : ces marques sont celles de la syphilis. D'autre part, si, à la faveur d'une caresse et de quelques taquineries, on découvre des chapelets de petites grosseurs, dures, du volume d'un pois, roulant sous le doigt, à la naissance des cheveux derrière les oreilles, ou encore au pli de l'aîne, aux aisselles, on doit également en déduire que l'on se trouve en présence d'une personne syphilitique.

Si un rapide coup d'œil et les caresses investigatrices n'ont fait naître aucun soupçon sur la possibilité d'une contagion, se soumettre alors aux précautions suivantes :

Exiger de la femme qu'elle se lave les organes génitaux au savon et prenne une injection de sublimé ou de formol, aux proportions indiquées précédemment au chapitre **« Liquides anticonceptionnels ».**

Employer un condom, ou, pour le moins, s'enduire la verge d'un corps gras, par exemple de vaseline, qui devra être préparée au calomel ou au salol (vaseline, 20 gr. et calomel 4 gr., ou vaseline 20 gr. et salol 3 gr.), que l'on vend dans les pharmacies en petits tubes pour la poche.

Ne pas prolonger le coït. Aussitôt l'éjaculation terminée, se retirer rapidement. Aucune suspension volontaire : l'amour prudent doit être alerte et égoïste. Il faut savoir modérer ses désirs : pas de répétitions à de trop courts intervalles.

Après l'acte.

Son sang-froid retrouvé, l'homme devra uriner sans perdre de temps, en appuyant l'extrémité **du doigt sur le méat uri**naire et pousser l'urine avec force, tout en l'empêchant ainsi de sortir ; après une ou deux secondes, lâcher tout subitement. Le canal uréthral se trouve balayé de tout ce qui aurait pu y pénétrer de contagieux.

Rien ne vaut mieux ensuite qu'un savonnage soigneusement et sérieusement fait des parties génitales et un lavage avec une solution de sublimé ou de formol, dont on fera pénétrer une goutte dans le méat urinaire. On peut avoir en poche des pastilles de sublimé ou du papier au sublimé qu'il suffit de faire macérer dans l'eau.

Ensuite, toujours dans le cas d'un coït suspect où l'on craindrait la syphilis, on se frictionnera soigneusement les organes génitaux pendant quelques minutes avec de la pommade de calomel (calomel et lanoline) qui détruit l'effet du virus infectant de la syphilis.

D'après les professeurs Roux et Metchnikoff, l'efficacité de la pommade au calomel, pendant les dix-huit heures qui suivent un coït infectant, est hors de doute, si l'application a été très bien faite aux endroits qui auraient pu être contaminés. Les expériences faites sur des singes à qui l'on avait inoculé la syphilis ont toujours réussi à empêcher son éclosion ; un étudiant en médecine, M. Maisonneuve, qui s'était volontairement soumis à cette expérience, en est sorti également indemne.

Si l'on n'avait pas eu la précaution de se munir de ces produits, faire tout au moins une friction douce à l'alcool, à la liqueur de Van Swieten, ou à une eau de toilette fortement alcoolisée, en faisant en sorte que la partie interne du méat urinaire soit également bien lavée. Une petite injection faite à l'entrée du canal, avec un compte-gouttes, est même toujours préférable.

La contagion syphilitique pouvant s'effectuer par les lèvres et la langue, on devra éviter d'embrasser toute personne inconnue : une simple fente aux lèvres est susceptible de recevoir le virus ; dans le cas où l'on se serait laissé aller à donner un baiser dans ces conditions, on devra se laver la bouche et les lèvres avec de l'eau dentifrice en solution concentrée, ou avec le contenu d'un petit verre d'eau auquel on aura ajouté une ou deux cuillerées à café d'alcool à 92° ou encore d'acide phénique.

Au sexe féminin.

En ce qui concerne la préservation sexuelle de la femme, dans le cas où elle douterait de l'état de santé spécial de son partenaire — car il faut tout prévoir — les précautions qu'elle devra prendre consisteront surtout dans l'examen préalable des parties génitales de celui-ci, où, également à la faveur d'une caresse, il est très facile de constater la présence ou l'absence d'écoulement (par une pression sur la verge, dans le sens de la base jusqu'à l'extrémité), soit toute manifestation d'une autre maladie. Si quelque chose paraît suspect, ou s'il y a un écoulement, la femme devra refuser impitoyablement tout rapprochement sexuel.

Les cônes ou ovules, qui contiennent des substances anti-septiques et forment, en fondant, un vernis protégeant les parois du vagin, sont à conseiller pour la préservation des maladies vénériennes ; la femme peut aussi, dans ce but spécial, employer l'éponge imbibée de formol. En tout cas, après le coït, elle devra se savonner les parties génitales avec du bon savon de ménage, et prendre l'injection au formol ou au sublimé, ce dernier toujours à la dose de 25 centigrammes par litre d'eau.

Le graissage à la vaseline, comme je l'ai dit plus haut, effectué avant l'acte, serait aussi efficace pour la femme que pour l'homme, s'il était fait de façon absolument parfaite, à l'intérieur et à l'extérieur de l'organe.

Un dernier bon conseil.

Voilà donc exposé le remède à bien des maux. Et ce remède est à la disposition de tous, pauvres et riches ; il ne faut que de la prévoyance, de la volonté, et bien peu d'argent pour se le procurer.

Tous les autres moyens préconisés jusqu'à ce jour contre l'infection vénérienne ont surtout servi l'appétit insensé de réclame ou de lucre des industriels qui ne voient dans les eaux ou pommades préservatrices qu'un moyen de faire de fructueuses spéculations.

Si, malgré les précautions ci-dessus indiquées, qui sont cependant très efficaces lorsqu'elles sont bien prises, ou si, n'en ayant prise aucune, vous aviez la mauvaise fortune de constater des symptômes fâcheux quelques jours après un coït, n'hésitez pas, aussitôt que vous vous en apercevrez, à aller faire appel aux lumières d'un médecin sérieux. Surtout, ne vous contentez pas d'une vague consultation de pharmacien ou de quelque ami de rencontre ; dans les grandes villes, des consultations gratuites dans les hôpitaux permettent aux moins fortunés de se soigner de la façon la plus sérieuse.

Il semblerait que la sentence « mal pris au début est vite guéri », dérive des constatations faites dans le traitement des maladies sexuelles, car elle est particulièrement exacte pour celles-ci. Il importe que les jeunes gens en soient bien pénétrés, qu'ils comprennent la nécessité d'un traitement régulier et persévérant, et qu'ils ne songent pas à soigner « par le mépris » ces affections dont les manifestations sont si redoutables pour ceux qui en font fi. Je ne voudrais pas attrister leurs joies par de lugubres avertissements, mais ils doivent craindre ces maladies, chercher à les éviter, et, dans la malchance, ne les négliger sous aucun prétexte. La santé ne doit-elle pas, en effet, être l'objet de la constante préoccupation de chacun ?

Je terminerai donc ce petit livre en adjurant tous mes lecteurs de mettre en pratique ces conseils, leur affirmant qu'ils ne regretteront pas le temps et les soins qu'ils consacreront à prévenir toute attaque à leur santé.

Je leur demanderai également, au terme de ce premier volume sur l'*Education des Sexes*, de me pardonner si la forme laisse à désirer, car le fond est vrai. Je me suis efforcée de dire la vérité, sans phrases, cherchant avant tout à faire œuvre de vulgarisation scientifique et humanitaire.

Table des matières

DEUXIÈME PARTIE

Imprimerie Générale des Arts,
du Commerce et de l'Industrie  11, Rue Molière
PARIS

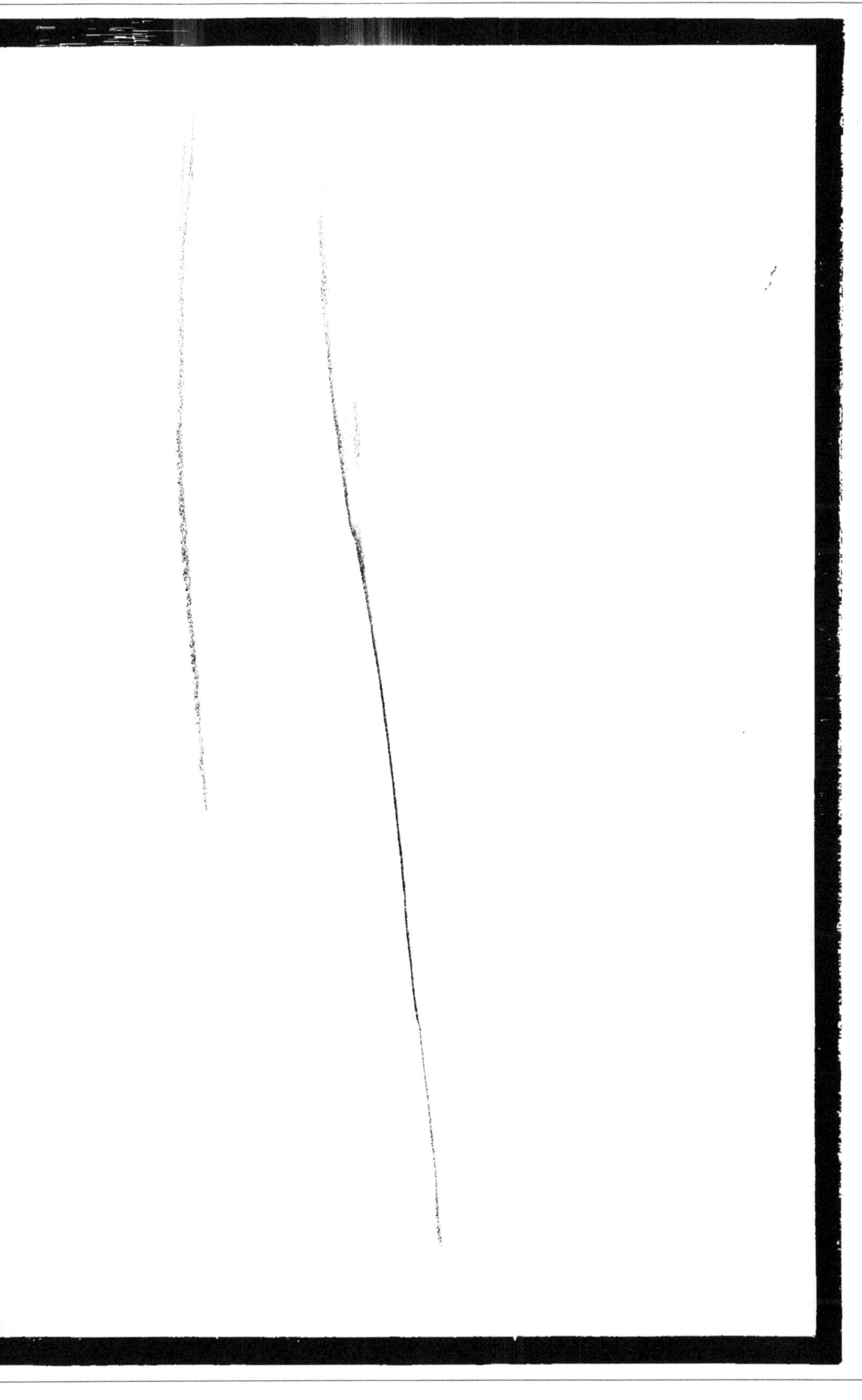

www.ingramcontent.com/pod-product-compliance
Ingram Content Group UK Ltd.
Pitfield, Milton Keynes, MK11 3LW, UK
UKHW021230140726
13695UKWH00002B/876